AF474218

GUIDE
DANS PARIS

ET

L'EXPOSITION

PAR

ALBERTY

1889

EN VENTE

CHEZ L. SAUVAITRE, ÉDITEUR

72, boulevard Haussmann, 72.

AVIS AU LECTEUR

L'auteur de ce guide n'a d'autre ambition que celle de remplacer auprès du lecteur l'ami ou le cicerone, connaisseur des bons coins et recoins de Paris. Il veut indiquer les principaux attraits de la capitale, en décrire brièvement les ressources et laisser à chacun le soin de se renseigner plus amplement dans les ouvrages spéciaux ou auprès des personnes compétentes.

L'auteur est un vieux Parisien connaissant à fond la vie parisienne. Il sait quels sont les goûts et les préférences des étrangers à Paris, notamment ceux des Américains et des Anglais parmi lesquels il a longtemps vécu et avec lesquels il est en relations suivies.

Il a voulu éviter le côté dictionnaire avec les phrases poncives et descriptions minutieuses des guides anciens et modernes, véritables labyrinthes dans lesquels on se perd plus souvent que dans la ville où les auteurs de ces guides ont la prétention de vous montrer le chemin.

***

Afin de conserver à ce guide son caractère de bonne foi, je dois prévenir les hôteliers, négociants, industriels et autres, que personne n'est autorisé à accepter le prix d'aucune recommandation contenue dans ce guide. Aucun courtier ne sera employé par moi. Aucune annonce ne sera acceptée avant que le caractère de la maison aussi bien que la qualité des objets dont elle fait le commerce n'aient été examinés et jugés vraiment recommandables.

Comme la recommandation d'une maison d'ordre inférieur

TO OUR READERS

This is evidently a *handy* guide for it is in everybody's hands.

In the shortest possible space the reader finds compiled all there is to be done and seen in and about Paris — in and about the Exhibition.

In addition to this information we have ventured to offer the travelling public a number of suggestions and practical hints to be found in no other guide book.

Trust an old Anglo-French resident to keep you well posted up with the best ways of spending your time and money in this most agreable of capitals.

***

Readers will kindly continue to send all communications regarding this guide to the author with following address :

M. ALBERTY

AUX SOINS DE M. SAUVAITRE, LIBRAIRE-ÉDITEUR,

72, boulevard Haussmann.

When a reply is expected, please enclose a stamp for same.

N.-B. — All houses and articles recommended in this guide are thoroughly genuine. No second rate concern will be

nuirait certainement au succès de ce guide, nous prions tous ceux qui le liront de vouloir bien nous faire part de leur expérience personnelle.

N.-B. — Il sera répondu à *toutes les lettres et demandes de renseignements*, quelle qu'en soit la nature, adressées par les voyageurs à l'auteur.

Prière de joindre un timbre-poste pour la réponse et d'adresser les lettres à

M. ALBERTY,

AUX SOINS DE M. SAUVAITRE, ÉDITEUR,

72, boulevard Haussmann.

L'auteur remercie le public de l'accueil empressé qu'il a fait à ce petit ouvrage et prie ses nombreux lecteurs de croire à son vif désir de perfectionner chaque édition successive de ce guide pratique.

Une nouvelle édition paraîtra tous les mois pendant l'exposition internationale.

La vingt-quatrième édition du Guide Alberty se trouvera partout le 1er juillet.

advertised in this book. Nobody is commissioned to accept any money from the proprietor of any house mentioned in this guide.

A new edition of the *Guide Alberty* will appear on the first of every month, during the Exhibition on the first day of every month. The 24th edition will appear on the 1st of July.

The author begs to be allowed to offer his sincere thanks to the public for the encouragement which he has received since the first edition of this little work was brought out.

NOTES

Amis lecteurs, ce guide n'est rien s'il n'est *pratique*. Vous ne trouverez pas dans ce petit livre des longues conférences sur tel ou tel monument, musée, institution ou jardin. Ainsi que je me suis permis de vous le rappeler dans mon *avis*, il y a d'excellents ouvrages où l'histoire de Paris est minutieusement racontée.

Je pose en fait que dans les centaines de guides qui ont été publiés sur Paris il n'y en a pas un qui se soit résolument et systématiquement borné à des *indications sommaires*.

L'auteur de ce guide a beaucoup voyagé dans toutes les parties du monde, il aurait souvent payé bien cher un guide dans lequel on eût répondu aux questions suivantes: Que faut-il voir? Comment et quand cela peut-il être vu? Que faut-il manger, que faut-il boire, etc.? Ce livre est une réponse très nette à ces questions inévitables que tout voyageur se pose en débarquant. Les vingt-trois éditions du Guide Alberty sont autant de preuves qu'un pareil ouvrage avait sa raison d'être.

Vous pourrez toujours acheter un catalogue, demander des renseignements autour de vous chaque fois que votre curiosité sera suffisamment éveillée par ce que vous verrez. Chacun a sa façon de *voir*, chacun, à moins d'être pauvre d'esprit, aime à se rendre compte par lui-même des choses dont il a entendu parler. — Un guide a beau contenir la description méticuleuse d'un musée ou d'un monument, vous ne le consulterez avec plaisir qu'après avoir jeté un coup d'œil sur l'*ensemble*. Autrement un guide vous oblige à étudier, alors

PRACTICAL HINTS

Under this heading I shall endeavor to do by the reader as I should like to have done by me when I visit a town or country for the first time.

⁂

This guide is nothing if not practical. You will not find in this little book any of the big yarns spun in other guides.

⁂

The very first thing you want to know on landing in Paris is what you ought to see and how to go about it.

⁂

Thousands of books have been written on Paris and if you are of a studious disposition you can get plenty of historical notes by consulting these learned records of the past.

⁂

But I think you will find it more profitable to listen to the interpreter, buy a catalogue or put questions to those who stand by your side.

⁂

You will obtain in this way quite as much knowledge as you can take in without making your head ache with closely printed matter.

⁂

que vous êtes venu à Paris pour vous distraire et vous reposer. Croyez-moi, lisez peu. Regardez bien tout ce que vous rencontrez, et demandez au premier venu tout ce qui vous passera par la tête. Vous échapperez de cette façon à la fâcheuse migraine, et vous apprendrez autant que vous pourrez retenir.

C'est ainsi que voyageaient trois hommes d'esprit, Alexandre Dumas, lord Palmerston et Marc Twain.

Il n'y a pas au monde de meilleur gouvernail pour votre barque que la parole. Servez-vous de la seule chose qui distingue l'homme du singe, — *parlez* à tout le monde. Soyez un point d'interrogation ambulant. Les Parisiens sont de bons enfants, ils ont l'habitude de voir des étrangers et ne refusent jamais de leur venir en aide.

***

En prenant simplement une voiture à l'heure, en indiquant un itinéraire au cocher et en le faisant bavarder au moyen d'une pièce blanche que vous lui remettrez en route pour boire à votre santé, vous connaîtrez mieux Paris que si vous restiez des heures le nez dans un guide.

Si vous avez le temps et la santé, faites mieux, allez toujours à pied. Vous verrez et comprendrez mieux Paris et la vie parisienne.

***

Si vous vous servez des omnibus, ne manquez pas de parler au conducteur en *montant*. Dites-lui où vous allez, et si vous êtes dans la bonne voiture, priez-le de vous arrêter à l'endroit indiqué. En route, demandez-lui deux ou trois fois si vous êtes arrivé. Les conducteurs d'omnibus sont généralement d'une patience et d'une obligeance à toute épreuve. En payant votre place, ajoutez deux sous aux trois ou aux six sous qu'il vous réclamera. Aussitôt, le conducteur vous prendra en véritable affection.

***

This is the way Alexandre Dumas, Lord Palmerston and Mark Twain used to travel, and if I venture to recommend this method, it is because I have always found it the most enjoyable.

***

Make a list of the places you have heard of and of what you wish to see in the course of the day. Give that list to a coachman and let him take you round.

***

If you speak enough French to make yourself understood and feel inclined to walk, keep on asking your way to the people you meet in the street. Parisians are most obliging; they will always do their best to set you right. But do not be afraid to ask at every street corner. There is no locomotive power in the world like the power of speech Providence has given you.

***

If you jump on to a 'bus mind you sing out clearly to the man on the platforme: *Vous allez bien à* (name the place you are bound for). If you are on the right track you may rely upon the man looking after you as if he were your own brother. In no other capital is so much real kindness shewn to strangers. Let this good man have a stray copper besides his fare.

***

Foreigners beware of your own country-men! — As a rule they are not to be trusted; you have much to lose and little to gain by such chance acquaintances.

***

Keep a tight hold of your pocket book in an omnibus, in a banking house or in a crowd. The Paris Exhibition is the *rendez-vous* of the cleverest pickpockets in Europe and America.

***

En omnibus, dans une maison de banque ou dans une foule, veillez à vos poches et à votre portefeuille. L'Exposition est le lieu de rendez-vous de tous les pickpockets du monde. « Chacun pour soi et la police pour tous. »

***

Si vous ne vous plaisez pas dans l'hôtel où vous êtes descendu, n'hésitez pas à demander votre note, et allez-vous en dans une autre maison. Pas de fausse honte, pas de gêne. Il faut avant tout que vous soyez *bien logé* et *bien servi* dans l'hôtel que vous habitez.

Économisez sur tout ce que vous voudrez, mais pas sur l'hôtel; ce qui ne veut pas dire qu'il faille solder les notes sans vérification ou payer plus que le tarif. Que vous restiez longtemps ou que votre séjour soit court, logez-vous le *mieux* possible. A Paris, les hôteliers n'ont pas l'habitude d'exiger que les voyageurs prennent leurs repas à table d'hôte. Vous pouvez donc limiter votre dépense au prix de l'appartement que vous occupez, lequel prix doit toujours comprendre le *service*.

***

Dans un hôtel de *premier ordre*, vous avez une foule d'avantages que vous n'avez pas dans un autre. Vous pouvez demander des renseignements à l'interprète qui se mettra en quatre pour vous être utile, si vous avez soin de lui glisser une pièce dans la main, comme entrée en matières.

Vous avez des voitures, des bains, des commissionnaires, un coiffeur sous la main; vous avez la poste, le télégraphe, le téléphone à votre disposition dans la maison même. Vous êtes entouré de gens polis et prévenants ayant l'*habitude de servir* des gens *convenables*. Vous êtes sûr que les draps auront été changés et que les bois de lit sont propres.

Croyez-moi, ne descendez que dans un hôtel *connu*, ayant une réputation européenne, et évitez les autres si vous tenez à jouir de votre séjour à Paris.

If you are not satisfied with your hotel, do not hesitate. Ask for your bill and go to another. A bad hotel will spoil your trip, however short it may be.

Apropos — take my word for it — *cheap* hotels are always *nasty* in Paris. The dearest are the best and the cheapest in the main.

***

If you are obliged to limit your expense — and who is not in these hard times — make your stay *short* and *sweet* by selecting a first class hotel. — This is the only thing for which I would have you be *regardless of expense.*

N.-B. — You are never compelled to take your meals at a Parisian hotel.

At a *good* hotel you can get all the information you need from the interpreter or by simply inquiring at the office. — It will often prove good policy to « tip » the servants in the hotel *before* you leave. When you leave you can give *whatever you please* without fear of meeting with anything but respectful attention.

***

By shewing this guide to the proprietor of the hotel you are sure to meet with a warm welcome and to be treated during your stay as if you were an old customer.

N.-B. — No hotel, restaurant or any dealer in any kind of goods is mentioned in this book unless they are the *very best* in the capital.

***

Do as much walking as you can. It will keep you in good health — in good spirits and enable you to do justice to some very good dinners.

***

By the way your will find towards the end of this book a list of some of the most dainty dishes invented by Parisian cooks, — The author has set them up in the form of *menus*, — no two of which are alike. Of course you are free to make your own choice out of these selections, — but you

En montrant ce guide au propriétaire d'un bon hôtel, vous êtes sûr d'être accueilli comme si vous étiez un vieux client de la maison.

N.-B. — Les hôtels, restaurants et maisons recommandés dans ce guide sont de *premier ordre*, nos lecteurs peuvent se présenter de notre part avec la certitude de ne pas être induits en erreur.

***

Dans cet ouvrage j'ai donné quelques menus de déjeuners et dîners à l'usage de ceux qui n'ont pas une connaissance approfondie de nos bons restaurants parisiens. En effet, il ne suffit pas de prendre place dans un restaurant renommé pour manger des plats savoureux; il faut savoir commander. Vous aimez la musique, mais il ne vous viendrait jamais à l'idée d'entrer chez un éditeur de musique et de lui dire: « donnez-moi des morceaux pour piano ou pour violon ». Vous voudrez avoir de jolis morceaux de *votre goût*.

Le Guide Alberty a donc cru bien faire en vous mettant à même de commander de bons petits plats en toute connaissance de cause. Le maître d'hôtel vous dira sans hésiter de quoi se composent les plats que vous choisirez dans ces menus. Il sera prudent de lui demander ce renseignement dans le cas où ces mets contiendraient des aliments ou ingrédients qui pourraient vous déplaire ou être nuisibles à votre santé.

***

Si vous avez un différend avec un cocher, dites-lui que vous allez écrire à M. Roudil, officier de paix, chef du service des voitures à la Préfecture de Police, neuf fois sur dix le cocher deviendra doux comme un agneau; mais s'il est pris de boisson, comme cela arrive trop souvent, dites-lui de vous conduire à la Préfecture de Police. Si cela ne suffit pas, quittez la voiture en donnant au cocher *tout* ce qu'il vous réclamera alors même que ce serait vingt francs de trop. Écrivez en

may order any of one them without being afraid of making a mistake. — provided always you take your seat in a first class house.

***

Not one Englishman or American in a thousand knows *what* to order and yet he knows what he would *not* like to eat. With the author's assistance he may easily get over this difficulty, — no small matter in the capital of cooks where the art of preparing food is equalled only by the cunning displayed in the names given to the dishes. — Ask the headwaiter to tell you what each dish is made up of before ordering.

***

If you get into the hands of a rude cabman (1) or one who tries to get advantage of you, shew him this card.

Léon Roudil

Officier de Paix de la Ville de Paris,
Chef du Service des Voitures.

Préfecture de Police.

If he is not very much fuddled by liquor he will become at quiet as a lamb and do your bidding without flinching.

If he pretends not to understand what you have shewn him, make him drive you to the above address or, when you are in a hurry, to the nearest *commissaire de police*. You need never fear disagreeable consequences.

The cocher will *invariably* get the worst of it. It is no use losing your temper and your time by entering into discussion with a Paris cabman. Shew him you know what he is afraid of and keep as cool as a cucumber. If cabby wants

---

(1) Take for choice a cab with a number ranging from (1 to 5000).

rentrant à la Compagnie générale des voitures (les voitures de cette excellente administration sont numérotées de 1 à 5000), et l'argent que vous réclamez vous sera renvoyé dans les quarante-huit heures. Donc pas de discussions oiseuses avec les cochers — cela ne servirait qu'à vous attirer des ennuis. Donnez l'argent que l'homme exige de vous et réclamez à la compagnie ce qu'il vous a pris en trop. Si par surcroît le cocher a été insolent, plaignez-vous par lettre à M. Roudil dont vous avez l'adresse. L'homme sera puni comme il le mérite.

⁂

Au restaurant laissez toujours au garçon un sou par franc dépensé. C'est idiot, mais c'est l'usage.

⁂

Si vous n'avez pas de papiers sur vous, prouvant votre identité, hâtez-vous de vous procurer ces documents *indispensables* en voyage.

⁂

Dans les chambres d'hôtel, fermez vos malles à clef. Les serviteurs de ces grandes maisons sont généralement honnêtes, mais « délivrez-les de la tentation ».

⁂

Les honoraires de bons médecins à Paris sont de 3 à 10 francs par visite. Si vous en faites venir un à votre hôtel, donnez lui 10 francs et vous êtes sûr de ne pas le froisser; mais, moins vous aurez de relations avec le corps médical, plus vous ferez plaisir à l'auteur de ce guide.

⁂

more than his due give it him and on getting home ask the interpreter to write to the Company. The money will always be returned to you within forty-eight hours.

This hint will be found really practical by ladies travelling alone.

When your coachman has behaved decently towards you, give him 5 sous for himself, — or 5 sous for every hour that you have kept him, but don't expect him to say "thank you", or the French equivalent.

***

When you take anything in a *Café* always leave two sous for the garçon.

***

At a restaurant you are expected to leave one sou for every franc that you spend.

***

If you dine every day at table d'hôte or at a separate table in your hotel, be sure you slip from time to time a five franc piece into the palm of the waiter who looks after you. You will be glad that you have done so.

***

If you have not brought a passport with you, get one without loss of time. Foreigners should never be without one. A passport will secure admittance to a number of places and it proves you are the person you state yourself to be.

***

Keep your luggage locked in your boxes or portemanteaus. Servants in good hotels are generaly honest but "deliver them from temptation."

***

French medical men's fees range from 3 to 40 francs a visit; when you are in doubt as to what to give never give more or less than ten francs. But the less you have to do with these gentlemen the better.

N'oubliez pas de vous rendre à Versailles le premier dimanche du mois. Après avoir visité le château et le parc, vous vous ferez servir un succulent dîner à l'hôtel des Réservoirs et, après votre café, vous pourrez jouir, en fumant un havane exquis, d'un spectacle merveilleux — celui des grandes eaux.

***

En arrivant à Paris, faites vous indiquer la Madeleine, prenez l'omnibus qui conduit à la Bastille. — Ayez soin de monter sur l'impériale. Asseyez-vous à droite du cocher en allant et en revenant. De la Madeleine à la Bastille, aller et retour — cela vous coûtera six sous et vous aurez fait connaissance avec la principale artère de Paris — celle qui vous offrira le meilleur aperçu du mouvement parisien.

Dernièrement le Prince de Galles a fait monter la princesse sa femme sur l'impériale de ce véhicule démocratique. C'est un panorama vivant et des plus curieux pour un étranger.

***

Le lendemain, faites vous indiquer la place de la Concorde, longez les quais de la Seine à pied jusqu'au Pont-Neuf, puis revenez en bateau-mouche.

***

Un autre jour, prenez le bateau à vapeur *le Touriste* qui part le matin du pont Royal et rendez-vous à Saint-Germain. — Vous pourrez déjeuner et dîner à bord. Jolie promenade par une belle journée d'été ou d'automne.

***

Avant de quitter Paris, n'achetez vos souvenirs que dans les *bons* magasins. Muni du guide Alberty, on vous laissera visiter tout ce que vous voudrez, et vous pourrez sortir du magasin sans rien acheter, dans le cas où, pour une raison ou une autre, il vous conviendrait de chercher ailleurs.

***

You will find in this guide a list of the best English and American doctors in Paris. Their fee may be set down at 20 francs.

***

Mind you go to Versailles on the *first Sunday of the month.* — After having had a look at the palace and park so full of historical and centennial reminiscences, you will get a capital dinner at the hotel des Réservoirs and a sight of the grandest waterworks on earth.

***

— Take a ride on the top of the omnibus which starts from the Madeleine and goes to the Bastille. Ladies admitted. This will give you a good idea of the boulevards and the life on this most animated of Parisian thorough-fares.

A few years ago the future King of England treated the Princess of Wales to this wonderful ride, — you need therefore be under no fear of " losing cast " by climbing on the top of the Parisian democratic vehicle.

***

— Any one of the steamboats on the Seine will afford you another excellent view of Paris.

— A boat called the *Touriste* leaves in the morning for Saint-Germain. Refreshments to be had on board.

***

— The most important circulating library in Paris is *Galignani's Library*, 224, rue de Rivoli, same offices as of *Galignani's Messenger*, the well-known English daily newspaper. This establishment also comprises a well-supplied book-store, where all the new and standard English and American works may be purchased. All important telegrams are posted, and information is given gratis to travellers. The *Circulating Library* is conspicuous for its excellent selection and great number of volumes. The subscription is by the week, fortnight or month.

***

Et maintenant, veuillez ne pas oublier que l'auteur de ce guide n'a d'autre but que celui de vous traiter en *ami*. Il vous sera reconnaissant de l'aider à combler les lacunes de ce petit livre, et il se met à votre disposition pour tous les renseignements que vous pourriez désirer pendant votre séjour à Paris.

Souvenez-vous de son adresse.

M. ALBERTY

AUX SOINS DE M. SAUVAITRE, LIBRAIRE-ÉDITEUR

72, boulevard Haussmann,

PARIS.

En joignant à votre lettre un timbre pour la réponse, celle-ci vous parviendra sans retard.

⁂

— The best cigars to buy at an ordinary tabacconist, shop are *Londrès*, price 6 sous. Or *demi-Londrès* half the size, for half the money. The best tabacco for pipe is *Scaferlati ordinaire*, price ten sous the small packet.

⁂

Near the Grand Hotel, on the boulevard, and on the place de la Bourse, you will find choice havanna cigars, from five francs to twelve sous a piece.

⁂

— You can write a letter and get a stamp in any café in Paris. No charge made for pen, paper, envelope and ink.

— Before buying presents to take home see that you do not buy anything that you can get as good in London or New-York. By consulting this Guide and telling the tradesman you are recommended to him by M. ALBERTY, he will shew you the latest novelties without expecting you to buy anything that does not please you under every respect.

And now, pray do remember that the author of this little stranger's friend will always be glad to give you any information you may be in need of. — You have only to drop him a note, — enclosing stamp for reply, — to the following address

M. ALBERTY
AUX SOINS DE M. SAUVAITRE, LIBRAIRE-ÉDITEUR
72, boulevard Haussmann,
PARIS.

and you will get a reply by return of post. — He need scarcely add that he will be very grateful to any reader who will point out any deficiency in this practical guide — and that great care will be taken to make every edition better than the last.

GUIDE

MONUMENTS, MUSÉES, JARDINS, ETC.

AVEC L'INDICATION

des jours et des heures où ils peuvent être visités

The principal sights monuments, museums, gardens, etc.
with mention
of the days and hours when they may be visited.

ARC DE TRIOMPHE

Tous les jours. — *(Every day.)*

Belle vue de Paris et de ses principales avenues.
Fine general view of Paris and of its principal avenues.

BANQUE DE FRANCE

BANK OF FRANCE

Rue Croix-des-Petits-Champs, 39.

De 9 heures à 4 heures tous les jours excepté les dimanches et jours de fêtes.
From 9 to 4 every day except Sunday and holidays.

ARTS ET MÉTIERS (Conservatoire des)

NATIONAL REPOSITORY OF MACHINES, MODELS, DRAWINGS, ETC.

Rue Saint-Martin, n° 292.

Cet édifice comprend une partie de l'église de Saint-Martin-des-Champs du XIIIe siècle.

This building comprises part of the church of Saint-Martin-des-Champs, built in the 13th century.

Ouvert au public les dimanches, mardis et jeudis de 10 heures à 3 heures et demie.

Open to the public on Sunday, Tuesday and Thursday from 10 to half past 3.

ARSENAL

7, rue de Sully.

Bibliothèque ouverte au public tous les jours de 10 heures à 3 heures excepté les dimanches et fêtes.

Library, free admittance from 10 to 3 except on Sunday and holidays.

HOTEL DES VENTES

ONLY AUCTION ROOMS IN PARIS

6, rue Drouot.

BOURSE

EXCHANGE

Ouvert tous les jours de midi à 3 heures.

Open daily from 12 till five.

CATACOMBES

Écrire à M. l'Ingénieur en chef des Mines, à l'Hôtel de Ville, sur papier timbré.

Write to « M. l'Ingénieur en chef des Mines, à l'Hôtel de Ville », *on stamped paper (cost 12 sous).*

Entrée à la barrière d'Enfer, dans le jardin du bureau de l'octroi.

Entrance at the barrière d'Enfer in the garden of the octroi building.

CIMETIÈRE DU PÈRE LACHAISE

Tombes de Molière, La Fontaine, Casimir Périer, Volney, amiral Sydney-Smith, duc de Morny, maréchal Masséna, Thiers, Rossini, Alfred de Musset, Rachel, Héloïse et Abélard, Jéricho et bien d'autres personnages célèbres.

CHAMBRE DES DÉPUTÉS

HOUSE OF PARLIAMENT

Demander un billet à la questure ou à un député.

Obtain a ticket from the « questure » *or from a* deputy.

COLONNE DE JUILLET

Sur la place de l'ancienne Bastille prise et détruite par le peuple le 14 juillet 1789.

La colonne porte les noms de 504 patriotes qui tombèrent en combattant pour la défense des libertés publiques dans les mémorables journées des 27, 28, 29 juillet 1830.

Built on the spot where the Bastille State prison stood before it was taken and destroyed by the people July the 14th 1789.

On the column are the names of 504 patriotes killed during the Three Days of 1830 while fighting for Liberty.

Les révolutionnaires de 1830 et 1848 sont enterrés sous le piédestal de la colonne.

The revolutionnists of 1830 and 1848 are buried beneath this column.

COLONNE DE LA PLACE VENDOME

Élevé par Napoléon pour célébrer ses victoires sur les armées allemandes en 1805.

Erected by Napoleon to celebrate his success against the German armies in 1805.

CONCIERGERIE

Prison de Marie-Antoinette, des Girondins, de la princesse Élisabeth et de Robespierre.

Demander un permis de visiter au *Bureau des Prisons* dans la cour du Harlay à côté de la Conciergerie.

Ask for leave to visit at the « Bureau des Prisons » *in the court close by the Conciergerie. Shew your passport.*

ÉGLISES

Notre-Dame, la Madeleine, Sainte-Clotilde, Saint-Germain-l'Auxerrois, du Sacré-Cœur, sont les plus intéressantes à visiter.

The above named churches are the most interesting.

ÉLYSÉE (Palais de l')

Résidence préférée de Napoléon Ier. Après le retour de l'île d'Elbe l'empereur l'habita jusqu'en 1814. Actuellement la résidence de M. Carnot, président de la République française.

Favourite residence of Napoleon Ier. When the Emperor returned from Elba he occupied it until after the defeat of Waterloo. Actually the residence of M. Carnot, president of the French Republic.

Pour visiter le Palais dans toute sa splendeur, demander une invitation pour une des fêtes de nuit données par le Président.

In order to see the Palace to its greatest advantage apply for an invitation to one of the balls or concerts given by the President.

MARCHÉS AUX FLEURS

FLOWER MARKETS

Place de la Madeleine : mardis et vendredis *(Tuesday and Friday).*

Boulevard Saint-Martin : lundis et jeudis *(Monday and Thursday).*

Quai de la Cité : mercredis et samedis *(Wednesday and Saturday).*

Place de Saint-Sulpice : lundis et jeudis *(Monday and Thursday).*

JARDINS PUBLICS ET LIEUX DE PROMENADE

PUBLIC GARDENS AND PROMENADES

Tuileries. — Luxembourg. — Parc de Monceaux. — Palais-Royal. — Jardin des Plantes *(Zoological garden).* — Jardin d'acclimatation *(delightful garden with rare plants and animals).* — Champs-Élysées. — Bois de Boulogne. — Bois de Vincennes — Buttes-Chaumont. — Parc de Montsouris.

Dans l'après-midi, musique militaire dans la plupart de ces promenades, où l'on peut louer des chaises à raison de dix centimes la séance.

In the afternoon military bands play in most of the above resorts, where chairs can be hired at the rate of a penny a piece.

GOBELINS (Manufacture des)

CELEBRATED TAPESTRY MANUFACTORY

Boulevard des Gobelins.

Les mercredis et samedis, de 1 à 3.

Wednesday and Saturday from 1 to 3.

Demander un permis de visiter à la Direction des Beaux-Arts.

Tickets to be obtained from the « Direction des Beaux-Arts » by written application.

ÉGLISE GRECQUE

7, rue Daru.

Peut être visitée les dimanches de 3 à 5 et les jeudis de 2 à 4.

Can be visited Sunday from 3 to 5 and Thursday from 2 to 4.

HALLES CENTRALES

Grand centre d'approvisionnement.

N.-B. — Très curieux à voir de grand matin.

General market for garden stuff, poultry, fish, cheese, butter, fowls, game, butcher's meat, etc., etc.

N.-B. — *Well worth a visit in the early morning.*

MINISTÈRE DES AFFAIRES ÉTRANGÈRES

RESIDENCE OF THE MINISTER OF FOREIGN AFFAIRES

130, quai de l'Université and quai d'Orsay.

Un des plus beaux hôtels de Paris.

Une fête de nuit dans ce palais est un spectacle inoubliable.

Ne pas manquer d'obtenir une invitation si l'occasion s'en présente.

One of the finest palaces in the capital.

A ball or levee at the Foreign Office is a sight never to be forgotten.

Do your utmost to obtain an invitation if you have the opportunity.

CARNAVALET (Hôtel de)

Ouvert tous les jours de 11 à 5, excepté les jours de fête.

Belle architecture du XVIe siècle. Très curieuse collection de livres et de manuscrits ayant trait à l'histoire de Paris.

Le musée est non moins curieux. Il contient une foule d'objets précieux pour tous ceux qui s'intéressent au passé de la capitale de la France.

Le musée est ouvert au public les dimanches et jeudis de 10 à 3. Mais il peut être vu les autres jours avec une permission.

Open every day from 11 to 5, holidays excepted.

Fine building, fine architecture of the 16th century.

Very curious collection of books and manuscripts connected with the history of Paris.

The museum also is very interesting. It contains a great number of curiosities illustrating the different phases through which the French capital has passed from the prehistoric ages down to the present time.

This museum is open to the public on Sunday and Thursday from 10 to 3. But it can be seen on other days with a written order.

CLUNY (Hôtel de)

CLUNY MUSEUM

14, rue du Sommerard.

Ouvert tous les jours, excepté le lundi, de 11 à 4.

Open every days, except Monday, from 11 to 4.

Du plus grand intérêt. Catalogue indispensable.

Most interesting. A catalogue should be purchased.

HOTEL DE VILLE

Peut être visité tous les jours en s'adressant au concierge.

Can be visited every day by applying to the porter.

INVALIDES

Ouvert aux étrangers tous les jours de 11 heures à 3 heures et demie.

Open to strangers every day from 11 to half past 3.

Petits pourboires aux invalides pensionnaires qui accompagnent les visiteurs.

Small fees expected by the pensionners who shew the building.

ÉGLISE DES INVALIDES

Place Vauban.

Tombeau de Napoléon.

Napoleon's tomb.

Visible les lundis, mardis, jeudis et vendredis de midi à 4 heures.

To be seen on Monday, Tuesday, Thursday and Friday from 12 to 4.

PALAIS DE JUSTICE

LAW COURTS

Boulevard Saint-Michel.

PLACE DE LA CONCORDE

Louis XVI fut exécuté sur cette place. L'échafaud fut dressé entre l'endroit où se trouve l'obélisque et l'entrée des Champs-Élysées.

Marie-Antoinette fut exécutée entre l'emplacement de l'obélisque et la grille du jardin des Tuileries.

Les principaux personnages de la Révolution furent guillotinés sur cette place.

Louis XVI was executed between the centre of this place and the beginning of the Champs-Elysées.

Marie-Antoinette met her death on a scaffold erected between the centre and the gate of the Tuileries.

The principal actors in the Revolution were guillotined on this place.

LOUVRE (Musée du)

Ouvert tous les jours, excepté le lundi, de 9 à 5.

Open every day, except Monday, from 9 to 5.

Acheter un catalogue.

Buy a catalogue.

LUXEMBOURG (Musée du)

LUXEMBOURG ART GALLERY

Tous les jours, excepté le lundi, de 10 à 4.
Every day, except Monday, from 10 to 4.

MONNAIE

MINT

Tous les jours avec une permission du directeur.
Every day with the director's permission.

PANTHÉON

Tous les jours de 10 à 4.
Every day from 10 to 4.
Tombe de Victor Hugo.

SÈVRES (Manufacture de porcelaine)

CELEBRATED PORCELAIN MANUFACTORY

Ouverte tous les jours. Demander un permis de visiter au directeur. Les ateliers ne sont visibles que les lundis, jeudis et samedis avec un permis.

Le guide s'attend à un pourboire.

Open every day. Write for leave to visit to « M. le Directeur. » *The workshops are to be seen only on Monday, Thursday and Saturday with a ticket.*

The guide expects a fee.

MONT-DE-PIÉTÉ

55, rue des Francs-Bourgeois.

Prêts sur gages. Or et argent les 4 cinquièmes et 2 tiers sur les autres objets,

Nombreux bureaux auxiliaires dans la ville.

Se munir d'un passeport et de papiers prouvant son identité.

Ouvert de 9 à 4 heures.

This institution has the privilege of lending on pledges. 4 fifths of the value of gold and silver and 2 thirds of the value of other pledges.

Several agencies of the Mont-de-Piété exist in different quarters of the capital.

A passport is required and other papers shewing who the parties are and where they are stopping.

JEU DE PAUME

TENNIS COURTS

Jardin des Tuileries.

In the Tuileries gardens.

BASILIQUE DE SAINT-DENIS

Tombeaux des rois de France.

Ouvert tous les jours de 12 à 4.

Tomb of the Kings of France.

Open every day from 12 to 4.

ÉGOUTS

SEWERS

Peuvent être visités en demandant une carte au Directeur des eaux à l'Hôtel de Ville. Se munir d'un vêtement chaud.

To be visited by applyng to the « Directeur des eaux, Hôtel de Ville ». *Take a wrap with you to avoid catching cold.*

SAINTE-CHAPELLE

Visible gratuitement tous les jours, excepté les lundis et vendredis.

Belle architecture gothique et vitraux superbes,

To be seen free of charge every day except on Monday anp Friday.

Fine piece of gothic architecture and very fine stained glass.

L'EXPOSITION

Comme pour la ville, je vais vous offrir une série de notes diverses et décousues.

N'attendez pas de moi un *plan* de l'Exposition et l'énumération des « Groupes » et « Classes » avec itinéraires tracés d'avance. Chacun pour soi et le *guide Alberty* pour tous! Si vous vous égarez dans l'enceinte de l'Exposition, si vous cherchez une section quelconque, adressez-vous aux gardiens ou aux exposants, ils vous renseigneront instantanément.

De cette façon vous ne perdrez pas un temps précieux à consulter des plans impossibles et des catalogues interminables.

Sans autre prologue je commence.

***

D'abord un conseil. Si vous voulez *bien* voir l'exposition, allez-y souvent et pendant peu de temps, en vous arrêtant le plus longtemps possible aux choses qui vous intéressent et en *brûlant* toutes les sections qui vous laissent indifférent.

Ceci n'est pas une calinotade, mais s'adresse aux nombreux voyageurs qui se croient obligés de tout voir, de tout admirer et qui finalement s'en vont n'ayant rien *vu* du tout. En rentrant chez eux ils ont la désillusion, j'allais écrire le désespoir, de ne pouvoir raconter leurs impressions à leurs amis et connaissances.

***

Si votre séjour à Paris doit être de courte durée allez à l'Exposition le matin dès l'ouverture.

Promenez-vous longuement jusqu'à l'heure du déjeuner. Faites ce repas à l'Exposition, aussi bon que votre bourse vous le permettra et ensuite vers deux heures, mettez-vous à flaner un peu partout sans vous fatiguer.

***

Ayez soin de monter dans la tour Eiffel avant de déjeuner dans un des excellents restaurants de la première

EXHIBITION NOTES

You do not expect to find in this Guide a complete enumeration of the different classes in which the exhibits have been arranged. Nor will you find your day's pleasure mapped out as if it were a day's work.

Every man for himself and the *Alberty's Guide* for us all!

If you lose your way in the great international maze, ask your way. All languages are spoken here. Your would lose precious time by acting otherwise, however skilful you might be in the art of reading a map or taking in a catalogue.

⁂

Take my advice. If you wish to see the Exhibition comfortably and well, go as often as you can. Go straight to the things in which you take an interest and skip those which you do not care about. This piece of advice may strike the reader as self evident; it may by chance prove so to him or to her, but to the great majority of visitors, it is real news.

There are travellers without number who want to *do* every thing, they do *do* every thing, but they *see* nothing and when they get home you would puzzle them very much by asking *what* they admired most and *why* they preferred one sight to another.

plate-forme. Il n'y a pas d'apéritif qui vaille l'air que l'on respire à trois cents mètres au-dessus du niveau de l'Amer Picon.

***

Achetez le guide spécial de la Tour Eiffel. Il est très bien compris, et vous donnera une foule de détails que je ne pourrais faire entrer dans le cadre de cet ouvrage.

***

Pour entrer à l'Exposition, n'hésitez pas à vous procurer une liasse de vingt-cinq billets donnant droit aux tirages mensuels d'une loterie extraordinaire.

La combinaison consiste à émettre 1 million 200,000 bons au prix de 25 francs, munis chacun de 25 tickets d'entrée à l'Exposition, dont le placement est garanti par les principaux établissements financiers de France.

Ces bons de 25 francs participent à quatre-vingt-un tirages. Six tirages auront lieu pendant la durée de l'Exposition : les 31 mai, 30 juin, 31 juillet, 31 août, 30 septembre et 31 octobre 1889.

Les cinq premiers tirages comprennent chacun : 1 lot de 100,000 francs, 1 lot de 10,000 francs, 10 lots de 1,000 francs et 100 lots de 100 francs.

Le sixième tirage comprend : un lot de 500,000 francs, 2 lots de 10,000 francs, 10 lots de 1,000 francs et 200 lots de 100 francs. A partir de 1890, et pendant soixante-quinze ans, il y aura un tirage par an qui comprendra : pendant les dix premières années, un lot de 50,000 francs, 10 lots de 1,000 francs et 120 lots de 100 francs; pendant les soixante-cinq années suivantes, un lot de 10,000 francs, un lot de 2,000 francs, 200 lots de 100 francs et 1,000 lots de 25 francs.

Tous les bons restant en circulation seront remboursés dans la dernière année.

De cette façon, vous visitez l'Exposition vingt-cinq fois sans bourse délier, et vous faites un placement avantageux du même coup. Il n'y a pas de raison pour que vous ne soyez pas favorisé par la chance, alors que vous avez déjà celle de voir le plus merveilleux spectacle que le monde ait jamais organisé.

N.-B. — Vous pourrez acheter des tickets détachés des bons au cours du jour de 15 à 10 sous la pièce.

***

***

If you are here for a short time only; go to the Exhibition in the morning. Take a long spell of it until breakfast time, and mind you make a *good* breakfast. About 2 P. M. stroll leisurely about the gardens looking inside the building from to time.

***

Be sure you go right up to the top of the Eiffel tower *before* breakfasting at one of the first rate restaurants on the first platform. There is no *cocktail* equal to the bracing eye-opener that awaits you a thousand feet up in the bright morning air.

***

Buy the special guide sold within the *Tour Eiffel*. It is well written and full of curious items.

***

Befo [illegible]tering the great international show, buy a lottery bond with 25 tickets attached to it for the sum of one pound sterling or five dollars. The tickets give admittance to the show, the bond gives you a chance of winning a big handful of bank-notes at the end of each month. And in the course of seventy-five years the French Government will refund the 25 francs to you or your heirs. By this ingenious combination you can see the Exhibition for nothing, get a chance of winning 500,000 francs, 20,000 pound sterling or, 100,000 dollars. And put some money by for your boys and girls nephews and nieces.

Tickets *without* the lottery bond are to be obtained at prices ranging from 15 to 10 sous.

Il y a 28,000 exposants français et 15,000 exposants étrangers. Parmi ces derniers, la Belgique tient la tête de la liste avec 1600. Viennent ensuite l'Italie avec 1000 et l'Angleterre avec 800.

En 1878, l'emplacement occupait 691,390 mètres carrés. En 1889, nous avons 843,598 mètres carrés.

***

Les fêtes appartiendront à trois classes bien distinctes :

1° Celles que le gouvernement se propose de célébrer en commémoration des événements qui ont précédé et accompagné la Révolution de 1789.

2° Celles qui appartiennent en propre à l'organisation même de l'Exposition.

3° Celles que la municipalité de Versailles se dispose à organiser pour fêter les événements qui se sont déroulés dans cette ville.

Ainsi que nous l'avons dit, le 5 mai, a eu lieu à Versailles la fête commémorative de la réunion des États Généraux de 1789.

Le 6, nous avons eu grande fête à Paris pour l'inauguration officielle de l'Exposition.

Pendant la durée de l'Exposition, un immense concours d'orphéons sera organisé.

Dans cette même période aura lieu l'inauguration, sur la place de la Nation, du groupe monumental représentant l *Triomphe de la République*, du sculpteur Dalou.

Enfin, la fête du 14 juillet avec son illumination des Bois de Boulogne et Vincennes reliés par une traînée de feu traversant Paris, offrira aux visiteurs le spectacle le plus féerique qu'on puisse imaginer.

Pour le détail de ces fêtes nationales qu'il ne faut pas confondre avec les nombreuses fêtes de jour et de nuit qui seront données par les organisateurs de l'Exposition, consultez les affiches et les journaux.

***

A propos de journaux, lisez le *Figaro*, le *Voltaire*, le *Gil Blas*, la *Liberté*, le *Temps* et le *Matin*; ce sont, à notre avis, les mieux renseignés sur tout ce qui se passe à l'Exposition.

***

Une des nouveautés de l'Exposition est sans contredit le Congrès de femmes.

***

There are 28,000 French exhibitors, and 15,000 foreign exhibitors.

In 1878, the last world's show stood upon 691,030 square metres of ground. In 1889 we have got 843,590 square metres to cover. Oh, my poor feet!

***

There will be three distinct kinds of rejoicings during the Exhibition.

1. Those which the Government intends to organise in honour of the centennial anniversary of the French revolution and of the important events which caracterised the foundation of the first republic.

2. Those which are to form part of the Exhibition itself.

3. Those by which Versailles intends to commemorate the striking events witnessed by the city at the end of the reign of Louis the XVIth.

Keep a good look out these rejoicings, for they are not to be missed. No country understands this sort of thing better than France. Do not be afraid of crowds. French crowds are the gentlest in the world — when on pleasure bent.

***

There will be about thirty restaurants within the Exhibition. Eleven of the best known houses in the capital will be represented in the parc and under the galeries of the Palais des Beaux-Arts. Out of the eleven one will be Russian, another Dutch, another English, etc.

***

Il s'agit d'un Congrès général et international composé de trois sortes de membres :

Les membres honoraires, payant une souscription facultative, au minimum de 25 francs; les membres actifs, ayant seuls le droit de voter et payant une cotisation fixe, individuelle ou collective de 10 francs; puis les membres sympathiques à titre gratuit.

Ce Congrès réunit de nombreuses adhérentes; l'Œuvre des Congrès internationaux de femmes qui existe en Amérique a voté 150,000 francs pour le Congrès de 1889.

***

Autre congrès de femmes — non moins attrayant et attrayantes.

Voici ce que vous pouvez lire sur les murs de la grand'ville.

Grand prix
DE
BEAUTÉ
DE PARIS

1er Prix de	25.000 fr.
2me Prix de	6.000 fr.
3me Prix de	3.000 fr.
Six 4mes Prix de	1.000 fr.
Ensemble.	40.000 fr.

Pour les inscriptions et tous les renseignements complémentaires s'adresser sans retard à

M. E. CORNELLIER
247, rue Saint-Honoré, Paris.

Mesdames, si j'étais membre du jury, je serais bien embarrassé!

***

One of the curiosities of the Exhibition will be the great beauty show.

Three prizes will be given to the three most beautiful women in Paris during the show. English and American ladies are invited to take part in this most graceful of contests.

Grand prize
OF
BEAUTY

	Francs.
1st Prize of	25.000
2nd Prize of.	6.000
3rd Prize of	3.000
Six 4th Prizes of.	1.000
Total	40.000

To get your name on the list of competition and obtain more information on the subject apply at once to

M. E. CORNELLIER
247, rue Saint-Honoré, Paris.

***

In the parc the separate buildings are specially interesting.

The buildings occupied by Guatemala, Paraguay, San Domingo, Chili, Venezuela, Bolivia, Mexico, the Argentine Republic and Bresil are full of strange and wonderful exports.

Look out also for the children's palace and the Morocco bazar.

Il y a une trentaine de restaurants dans l'enceinte de l'Exposition.

Au milieu du Champ de Mars, sous les galeries extérieures du palais des Beaux-Arts, du palais des Arts libéraux et autres galeries donnant sur le parterre et sur le parc de M. Alphand, sont installés onze restaurants portant presque tous la marque et le nom des maisons en renom dans l'art culinaire. Dans une des galeries d'isolement, non loin du dôme de M. Bouvard, est installé un restaurant dit « populaire ». On y est servi à prix fixe ou à la carte. Des onze établissements dont nous parlons un est russe et un autre hollandais.

Deux autres restaurants, appartenant à la catégorie des bouillons, sont : l'un du côté de la galerie des Machines, à l'angle de l'avenue de Labourdonnais, côté de l'École militaire; l'autre à l'extrémité du Champ de Mars, en face de la gare de ce nom; ce dernier, de proportions monumentales, est tenu, par une des clauses de sa concession, de servir des repas au prix fixe de un franc.

***

A remarquer dans le parc plusieurs constructions et pavillons séparés, le pavillon du Guatémala, du Paraguay, de Saint-Domingue, et l'immense globe terrestre, le palais des enfants, le bazar marocain, le pavillon du Chili, celui du Vénézuéla, celui de la Bolivie; le Mexique est là au grand complet sur un vaste emplacement, la République Argentine et le Brésil ont aussi quelques envois très intéressants.

Puis ce sont à droite et à gauche des brasseries, des salles de concerts, les pavillons des téléphones et du gaz, la rue de l'Habitation. Puis encore, le long de la Seine, l'exposition maritime et fluviale, le Panorama de la Compagnie transatlantique, le palais des Produits alimentaires, etc.

Une des merveilles de ce parc est la rue du Caire, admirable comme exactitude de reconstitution et comme sentiment artistique. C'est tout un coin de la capitale des khalifes qu'on a transplanté à Paris.

***

Le pavillon de l'Hygiène, comme son nom l'indique suffisamment, est occupé par les industriels et inventeurs dont les travaux et les découvertes se rapportent plus spécialement aux améliorations quelconques des conditions de la vie humaine. La plus grande partie du bâtiment réservée à

Bars, cafés, concerts and stands are here to quench the thirst and cheer the spirit of the weary pilgrim.

Street shewing how mankind has been housed from the most remote times until now is very atttractive. Be sure you do not miss it.

***

Another wonderful street is the rue du Caire; it is as good as life and you need not take the trouble to go to Cairo after having seen it.

The Health building is full of everything that has been discovered to better the conditions of human life.

The Machinery palace, the palace of Fine Arts, the War department, the exhibition of the Sevres museum, and the lovely Flower show of the Trocadero are marvellous proofs of man's ingenuity and of his divine origine.

I have a great deal more to say on the subject, but I must bide my time and take advantage of the space allowed me in the next edition.

***

The *Decauville railways* running every ten minutes from the quai d'Orsay — near the place de la Concorde on the other side the bridge — to the Eiffel tower proves very convenient to visitors unable to find a cab or omnibus.

***

Pray do not forget that a fresh edition of this Guide will be published on the first of every month during the Exhibition and afterwards on the first of January of every year.

l'exposition des services multiples de l'Assistance publique de France : sourds-muets, aveugles, hôpitaux, etc., et, à côté, à l'intention des jeunes mères, une exhibition complète des objets de toute nature employés pour l'élevage des enfants.

***

Le palais des Machines, le palais des Beaux-Arts, le pavillon de la Guerre, l'exposition du Musée de Sèvres et le ravissant jardin du Trocadéro avec ses délicieuses collections de fleurs et de fruits continuellement renouvelées doivent être visités en premier.

Nous avons encore bien des merveilles à vous signaler. Ce sera pour la prochaine édition. Prière de ne pas oublier qu'une nouvelle édition revue, corrigée et augmentée de ce guide paraît chaque mois pendant toute la durée de l'Exposition. Nous accueillerons avec empressement et reconnaissance toutes les communications que le public voudra bien nous adresser au sujet de l'Exposition.

***

L'Exposition universelle ne se distingue point seulement de ses devancières de 1867 et de 1878 par un aménagement plus luxueux et plus méthodique des merveilles réalisées dans l'ordre commercial et industriel, par l'importance des constructions destinées à les abriter et le caractère définitif de la plupart des édifices sortis de terre à l'occasion de la grande solennité internationale de 1889. Elle marquera aussi et surtout dans les annales artistiques de notre époque par les reconstitutions historiques opérées par les services publics ou les particuliers et qui offrent aux yeux des visiteurs comme une revue rétrospective du siècle écoulé, où ils voient revivre le passé, au milieu des enchantements du présent.

La reconstruction de la *Tour du Temple*, effectuée sur les hauteurs du Trocadéro par un entrepreneur intelligent, doublé d'un artiste et d'un chercheur, est une des idées les plus heureuses de ce genre. M. Claude Perret dresse en plein Paris la vieille prison parisienne, exactement reproduite, avec ses annexes, cours, jardins, préaux, avec son mobilier scrupuleusement restitué, avec sa distribution intérieure compliquée, et ses appartements où la famille royale qu'allait emporter la tourmente révolutionnaire, vécut ses derniers jours.

Readers are earnesty requested to send to the author any hints or information they may think worth publishing in this Guide. They may be certain such communications will meet with M. Alberty's immediate attention and be gratefully received.

P.-S. — I would draw attention to the *fac simile* of the Bastille — a most interesting revival of the famous prison and its surroundings. Open every day — avenue Suffren. And to the Tour du Temple where the royal family spent their last days during the Revolution. — Both will well repay a visit.

***

Le succès de l'Exposition rétrospective de la Bastille est peut-être sans précédent et le public qui abonde tous les jours avenue de Suffren prouve qu'il aime la restitution du vieux Paris, son art et ses coutumes.

Les mercredis et les vendredis sont les jours choisis par le grand monde; dans la *salle des fêtes*, à l'*Hôtel de Mayenne*, à *Trianon*, etc., on rencontre le *Tout-Paris*.

***

Un chemin de fer sert à transporter les visiteurs d'une extrémité à l'autre de l'Exposition universelle.

Cette ligne, dont l'exploitation a été concédée à la Société Decauville aîné, est à double voie de $0^{m},60$ du type Decauville, avec rails d'acier rivés sur traverses en acier, qui a été adopté par le ministère de la guerre pour l'armement des forts.

La gare principale est à l'angle de l'Esplanade des Invalides, en face du ministère des affaires étrangères. La ligne traverse l'Esplanade, suit le quai d'Orsay entre les deux rangées d'arbres les plus éloignés de la Seine, avec deux haltes en face de la rue Jean-Nicot et du Palais de l'alimentation, passe devant la tour Eiffel, où il y a une gare, et arrive, en longeant l'avenue de Suffren, à la gare terminus, entre la galerie des machines et la Bastille de 1789.

Il y a deux tunnels, l'un de 20 mètres, sous le carrefour du pont de l'Alma, l'autre de 106 mètres, sous le terre-plein devant le pont d'Iéna. Le service est assuré par quinze locomotives à vapeur, à air comprimé, électriques et cent voitures de différents modèles.

Le prix est uniformément de 25 centimes, pour tout ou partie du parcours: il y a des trains toutes les dix minutes, depuis neuf heures du matin jusqu'à minuit. Le public a donc à sa disposition cent quatre-vingts trains par jour dans les deux sens.

CHEMINS DE FER DECAUVILLE

(DECAUVILLE'S PATENT PORTABLE RAILWAYS)

EXCURSION

Aux Ateliers de PETIT-BOURG, près Paris.

Les chemins de fer Decauville fonctionnent chez 4,700 clients qui en ont acheté près de cinq mille kilomètres, et ils sont devenus d'un usage tellement général qu'il n'existe plus un seul point du globe où on ne puisse en voir plusieurs installations.

Certains pays les ont adoptés au lieu de construire des routes; ainsi dans l'île de Porto-Rico, plus de 300 kilomètres de voie Decauville ont été installés dans ces dernières années pou le transport de la canne à su

Les ateliers de M. Decau sont à Petit-Bourg, à une heu. de Paris. Ils sont fort intéressants à visiter, car leur création est si récente que peu de personnes se doutent de l'importance qu'ils ont prise en si peu d'années. Ces ateliers occupent 8 hectares au bord de la Seine, avec un port et un raccordement à la Cie P.L.M. dont les locomotives viennent tous les jours en relier les wagons dans les ateliers et en emmènent 18 à 20 en moyenne.

L'excursion de Petit-Bourg est très f cile, et les étrangers qui désirent les visiter y sont reçus les MARDIS et VENDREDIS. Une voiture attend les visiteurs ces jours-là à l'arrivée du train de 11 h. 20 gare de Lyon, pour Evry-Petit-Bourg. On rentre à Paris par l'express de 4 h. 37.

Decauville's Portable Railways have now a very great run; more than 300 miles have been already purchased by 4,700 clients. They have become so universal that there is no place on the globe where they cannot be found.

In some countries they have been adopted in preference to paved roads. In the isle of Porto-Rico, more than 20 miles of Decauville's Railways were established during these last years for carrying sugar-canes.

Decauville's Portable Railway Works are situated at Evry-etit-Bourg, one hour walk from aris. They are most interesting and worthy of a visit. As they were built of late, very few people can imagine the great importance they acquired in so short a time. The buildings extend over 16 acres. The warf quay, near the Seine River, joins the P.-L.-M. Railway whose locomotives engines are running to and fro, and daily carrying 18 or 20 wagons.

The excursion to Evry-Petit-Bourg is a very easy and pleasant one. Visitors are admitted to the Works, on TUESDAY and FRIDAY, when a carriage is waiting for them on the arrival of the P.-L.-M. Railway train leaving Paris for Evry-Petit-Bourg at 11.20 A.-M. Visitors may return to town by the 4.37 P.-M. express train.

LE MEXIQUE

L'Exposition de ce pays merveilleux a droit à un chapitre à part. L'auteur de ce Guide connaît bien le Mexique. Il y a vécu dernièrement toute une année. Il tient à la disposition de ses lecteurs les renseignements les plus complets sur le pays et ses inépuisables richesses.

L'édifice que le Gouvernement mexicain a fait élever au Champ de Mars pour y exposer les produits de son sol privilégié et de son industrie florissante, est superbe.

Le délégué général du Gouvernement mexicain à l'Exposition de 1889, M. Diaz Mimiaga, secondé par l'agent financier et commercial, M. Eduardo Santos, a déployé une activité et une intelligence hors ligne, pour faire de l'exposition mexicaine une des plus remarquables et des plus intéressantes à tous les points de vue.

Des envois de plantes merveilleuses ont été faits par les soins du ministre de Fomento de la République mexicaine.

Si la partie industrielle est relativement pauvre, en revanche les produits naturels, les matières premières seront représentées à l'exposition mexicaine à Paris d'une façon splendide. Ce que le Mexique envoie de plus remarquable au Concours ce sont les bois précieux, les plantes textiles, les plantes médicinales et une collection extrêmement variée de minerais d'une richesse incomparable.

Parmi les objets exposés, on remarque un fac simile de la tour Eiffel, de quatre mètres de hauteur, ouvrage en bois exécuté par un charpentier mexicain; des objets en fer fondu et en fer forgé, entre autres un tableau représentant la Cène du Christ, d'un travail achevé; des machines pour l'agriculture, un modèle de dynamo, un joli petit canon de

Bange en miniature réformé par l'arsenal de Mexico; des selles de cheval magnifiquement brodées, des préparations anatomiques de l'hôpital militaire fort remarquables.

On voit encore des tissus des États de Puebla, de Durango, de Coahuila, entre autres une serviette, destinée à M. Carnot, président de la République française, et sur laquelle est brodé en soie noire l'Hymne national mexicain, puis des couvertures, des édredons bariolés, des jouets, des personnages en terre, de toutes grandeurs, représentant tous les types du pays, revêtus de leurs costumes caractéristiques; des fruits en cire, imitant la nature à la perfection; une grande variété de marbres; des tableaux de fleurs artificielles, faites de coquillages marins; enfin, une foule d'autres objets intéressants, et surtout, parmi les plantes textiles, le henequen dans ses multiples applications, cette précieuse fibre qui constitue la principale richesse de la presqu'île du Yucatan.

Un fabricant mexicain de figures de cire a exécuté un relief représentant la ville de Mexico en miniature.

Parmi les objets envoyés par l'État de Michoacan, il faut citer un très beau tableau fait avec des plumes d'oiseau d'une finesse et d'une délicatesse extrêmes, représentant un paysage des plus pittoresques des bords du lac de Patzcuaro.

***

Le gouvernement de l'État du Yucatan a fait envoyer un plan de la Péninsule.

Ce travail, d'une exactitude et d'une perfection rares, contient les données les plus intéressantes relatives à la description géographique, astronomique et politique de la Péninsule.

On y remarque surtout quatre magnifiques dessins occupant les angles de la carte : le premier représente un fragment du mur oriental du couvent des Nonnes dans les ruines d'Uxmal; le second, l'église cathédrale de la ville de Mérida; le troisième, la vue extérieure du Palais du Gouvernement, en construction; et le quatrième, une propriété rurale, qui rappelle le type caractéristique des anciens domaines agricoles.

A la partie supérieure du tableau, l'artiste a placé le por-

trait de l'intelligent et progressiste gouverneur de l'État de Yucatan, M. le général Guillermo Palomino.

***

Entre autres objets que l'État de Querétaro a envoyés à l'Exposition universelle de Paris, on remarque : des échantillons de charbon de terre très riche, des minerais d'or et d'argent à l'état natif; de magnifiques opales; des plantes médicinales variées, ayant des vertus surprenantes ; des céréales de qualité supérieure; des bois précieux d'une richesse et d'une finesse remarquables, et d'abondants spécimens de la flore et de la faune de l'État.

***

Un patient collectionneur a envoyé à l'Exposition de Paris un curieux album, contenant une collection complète du papier timbré en usage au Mexique depuis le règne de Philippe IV en 1640 jusqu'à nos jours.

Ce qui rend cette collection fort précieuse, c'est qu'il n'y manque rien, toutes les époques y sont représentées par les timbres, grands et petits dont ont fait usage les divers gouvernements du Mexique, depuis 1640 jusqu'en 1871, époque de l'introduction du revenu du timbre dans la République. L'auteur a ajouté à sa collection des exemplaires de tous les timbres émis depuis cette époque jusqu'à l'année courante.

***

Des échantillons de vin de raisin, de vin d'orange et de coing, fabriqués à Querétaro ont un grand succès de dégustation.

***

Je ne puis terminer mieux cet aperçu rapide qu'en résumant ce qui a été fait au Mexique sous les auspices du général Diaz, l'excellent président de cette grande République.

Le président P. Diaz a rappelé la nation mexicaine à la vérité; il lui a imposé le travail, l'ordre, le respect des engagements pris et la soumission aux lois. — Aussi avons-nous

assisté à une véritable régénération. — Avec le travail, le bien-être est venu, et avec le bien-être l'amour de la paix. — Il y a dix années que cette évolution salutaire a commencé et depuis lors, la révolution est devenue impuissante à détourner le peuple de ses devoirs et de son labeur.

C'est beaucoup, et je ne crois pas que d'autres peuples en un si court laps de temps puissent présenter un bilan aussi brillant.

Le crédit national a établi sur des bases solides des milliers de kilomètres de chemins de fer, les ports ont été améliorés, l'outillage industriel perfectionné, l'agriculture est en progrès sensible, de nombreuses mines sont exploitées avec les capitaux étrangers qui chaque jour s'intéressent davantage aux entreprises mexicaines.

Ce qui manque au Mexique, c'est l'immigration, et aussi longtemps qu'il ne saura pas détourner en sa faveur un des grands courants qui se dirigent vers les États-Unis ou l'Amérique du Sud, il sera forcément condamné à voir ses efforts rester presque stériles. — Voilà, je ne cesserai de le redire, la grande pierre d'achoppement de progrès rapide, — l'absence d'immigrants. Cette conviction, le président Diaz et ses fidèles collaborateurs doivent la posséder comme moi et comme tous ceux qui veulent se donner la peine de réfléchir. Aussi ai-je la certitude de les voir avant peu donner toute leur attention à cette question qui est vitale pour le Mexique.

ALBERTY.

THÉATRES, CONCERTS, CIRQUES, ETC.

THEATRES, CONCERTS, CIRCUSES, ETC.

Pour tout ce qui concerne la location des places pour les théâtres, concerts, bals et fêtes s'adresser à l'*Agence des Théâtres*, 38, avenue de l'Opéra, (relié par le téléphone à l'Hôtel Continental).

For the sale of tickets and for booking places beforehand at theatres, concerts, bals, etc., apply to the Agency 38, avenue de l'Opéra.

OPÉRA

Les représentations ont lieu les lundis, mercredis, vendredis, et quelquefois le samedi.

The performances, take place on Monday, Wednesday, Friday and sometimes on Saturday.

THÉATRE DE L'OPÉRA-COMIQUE

Tous les jours.

Every day.

THÉATRE FRANÇAIS

Rue de Richelieu, au Palais Royal.

Considéré à juste titre comme le conservatoire de l'art dramatique en France, son répertoire comprend les œuvres les plus renommées des grands écrivains anciens et modernes, dans la tragédie ou la comédie.

The performances at this theatre are justly considered by critics to be unique. The repertoire includes literary master-pieces both classical and modern of the most celebrated writers of tragedies and comedies.

THÉATRE DE L'ODÉON

Place de l'Odéon, près du Luxembourg.

C'est une des plus belles salles de Paris. Même genre et même répertoire que le Théâtre-Français.

One of the most magnificent theatres in Paris. Same kind of performances as at the Théâtre-Français.

THÉATRE DU VAUDEVILLE

Boulevard des Capucines et rue de la Chaussée-d'Antin.

COMÉDIES, VAUDEVILLES

THÉATRE DU GYMNASE

Boulevard Bonne-Nouvelle.

COMÉDIES, VAUDEVILLES

THÉATRE DES VARIÉTÉS

7, boulevard Montmartre.

VAUDEVILLES, FARCES, OPÉRAS-BOUFFES

THÉATRE DE LA PORTE SAINT-MARTIN

Boulevard Saint-Martin.

DRAMES ET MÉLODRAMES

THÉATRE DE L'AMBIGU-COMIQUE

Boulevard Saint-Martin.

DRAMES ET MÉLODRAMES

THÉATRE DE LA GAITÉ

Square des Arts-et-Métiers.

FÉERIES, DRAMES, MÉLODRAMES, OPÉRAS-BOUFFES

THÉATRE DU CHATELET

Place du Châtelet.

FÉERIES, PIÈCES MILITAIRES, DRAMES

THÉATRE DU PALAIS-ROYAL

Rue Montpensier et Palais-Royal.

FARCES, VAUDEVILLES GENRE BOUFFE

THÉATRE DE LA RENAISSANCE

Boulevard Saint-Martin.

OPÉRAS-BOUFFES

THÉATRE DES FOLIES-DRAMATIQUES

40, rue de Bondy.

OPÉRAS-BOUFFES, COMÉDIE, VAUDEVILLES

THÉATRE DES NOUVEAUTÉS

28, boulevard des Italiens.

OPÉRAS BOUFFES

THÉATRE DES BOUFFES-PARISIENS

Passage Choiseul.

OPÉRAS-BOUFFES

THÉATRE DU CHATEAU-D'EAU

50, rue de Malte.

DRAMES, PIÈCES MILITAIRES, OPÉRAS ET OPÉRAS-COMIQUES

THÉATRE DÉJAZET

41, boulevard du Temple.

FARCES, VAUDEVILLES

THÉATRE CLUNY

Boulevard Saint-Germain, près du square Cluny.

COMÉDIES, VAUDEVILLES

THÉATRE ROBERT-HOUDIN

8, boulevard des Italiens.

PRESTIDIGITATION, MAGIE, TOURS DE PHYSIQUE AMUSANTE.

Magic, conjuring, etc.

ÉDEN-THÉATRE

5 et 7, rue Boudreau.

BALLETS, SALONS-PROMENOIRS, FUMOIR, BARS

FOLIES-BERGÈRE

rue Richer.

BALLETS, PANTOMIMES, SALON-PROMENOIR

Ballets, pantomimes, garden, etc.

CIRQUES — CIRCUSES

Cirque d'été, aux Champs-Élysées. — L'été, de mai en septembre. *(In summer from May to September.)*

Nouveau Cirque, rue Saint-Honoré.

Hippodrome, avenue de l'Alma. — Exercices équestres. *(Equestrian exercises.)*

CAFÉS-CONCERTS

Alcazar d'Hiver. — Faubourg Poissonnière, 10.

Alcazar d'Été. — Champs-Élysées (à droite). Tous les soirs à 8 heures. Dimanches et fêtes, matinées. 3 fr., 1 fr. 50 et 1 franc.

Ambassadeurs. — Champs-Élysées (à droite). Tous les soirs à 8 heures. Dimanches et fêtes, concert de jour, 2 heures à 5 heures. 1 fr. 50 et 75 c.

Ba-ta-clan. — Boulevard Voltaire, 50.

Besselièvre. — Champs-Élysées (cours de la Reine), 8 h. 1/2. 2 francs.

Cheret. — Avenue de la Grande-Armée, 78.

Dutilloy. — Pépinière, 9.

Éden-Concert. — Boulevard Sébastopol, 17. Dimanches et fêtes, matinées.

Eldorado. — Boulevard Strasbourg, 4.

Époque. — Boulevard Beaumarchais, 10.

Européen. — Rue Biot.

Folies-Rambuteau. — Rue Rambuteau, 18.

Folies-Cluny. — Rue Saint-Jacques.

Horloge. — Champs-Élysées (à gauche). Tous les soirs à

8 heures, le jour, 2 heures à 6 heures. 2 francs, 1 fr. 50 et 1 franc.

Parisien. — Faubourg Saint-Denis, 37.

Richard. — Boulevard Rochechouart, 15.

Scala. — Boulevard de Strasbourg, 13.

Salle Beethoven. — Passage des Panoramas.

BALS

Bullier (Closerie des Lilas). — 33, avenue de l'Observatoire.

Châlet. — 43, avenue de Clichy. Dimanche, fêtes, lundi, jeudi.

Debray (Moulin de la Galette). — 79, rue Lepic.

Élysée-Chaumont. — 12, rue des Alouettes (Belleville).

Élysée-Ménilmontant. — 8, rue Julien-Lacroix. Dimanche, lundi, jeudi, samedi.

Élysée-Montmartre. — 80, boulevard Rochechouart. Dimanche, jeudi, 1 franc; mardi, samedi, fête de nuit, 2 francs. Dames, gratis.

Étoile. — 39 bis, avenue de Wagram.

Tivoli. — 12, rue de la Douane. Cavaliers, 1 franc. Dames, gratis.

PANORAMAS

Bataille de Champigny. — Rue de Berry, 5. 2 francs.

Commune de Paris. — Rue du Château-d'Eau, 3.

Défense de Paris. — Champs-Élysées (à gauche). Semaine, 2 francs; dimanche, 1 franc.

Prise de la Bastille. — Quai d'Austerlitz. Semaine, 1 franc; dimanche, 50 c.

BANQUIERS DE PREMIER ORDRE

FIRST CLASS BANKERS

André Girod and C°, 31, rue Lafayette.
Anglo-Egyptian banking company, 7, rue Lafayette.
Banque d'Escompte, place Ventadour.
Crédit Lyonnais, 19, boulevard des Italiens.
Crédit Foncier, 117, rue Neuve-des-Capucines.
Donon, Aubry, Gautier and C°, 17, rue Louis-le-Grand.
Drexel, Hayes and C°, 31, boulevard Haussmann.
Gil (P.), 6, boulevard des Capucines.
Hentsch Frères and C°, 20, rue Lepeletier.
Hottinguer, 38, rue de Provence.
Kœnigswarter (L.-J.) and C°, 47, rue de la Chaussée-d'Antin.
Kohn, Reinach and C°, 4, rue de la Bourse.
Lehideux & C°, 3, rue Drouot.
Lherbette, Kane and C°, 19, rue Scribe.
Mallet Frères and C°, 37, rue d'Anjou-Saint-Honoré.
Marcuard Krauss and C°, 29, rue de Provence.
Munroe, 7, rue Scribe.
Rothschild (de) Frères, 21, rue Laffitte.
Société Générale, *English and American office*, 4, place de l'Opéra.
Société de Dépôts et Comptes Courants, 2, place de l'Opéra.

N. B. — **Crédit Lyonnais**, fondé en 1863; capital : 200 millions.

Siège social : Lyon, palais du Commerce; Paris, boulevard des Italiens.

Agences dans Paris : rue Vivienne, 31 (Bourse); rue Turbigo, 3 (Halles); rue de Rivoli, 43; rue Rambuteau, 15; rue du Faubourg-Saint-Antoine, 63; boulevard Voltaire, 43; rue du Temple, 201; boulevard Saint-Denis, 10; rue d'Allemagne, 191; boulevard Magenta, 81; avenue de Clichy, 1; boulevard Haussmann, 72; rue du Faubourg-Saint-Honoré, 82; boulevard Saint-Germain, 1; avenue des Gobelins, 14; boulevard Saint-Michel, 24; rue de Rennes, 66; boulevard Saint-Germain, 205; rue de Flandre, 30; place de Passy, 2; avenue des Ternes, 39; entrepôt de Bercy (porte Gallois).

Le Crédit Lyonnais reçoit des dépôts d'argent à des taux d'intérêt variables suivant la durée des dépôts.

Il prête sur rentes, actions, obligations françaises et étrangères.

Il escompte le papier de commerce sur la France et l'étranger. Il délivre des lettres de crédit sur tous les pays et se charge d'envois de fonds par chèques, correspondance ou télégraphe, dans toutes les localités de la France et de l'étranger.

Il reçoit les titres en dépôt; encaisse les coupons, exécute les ordres de bourse et reçoit sans frais les ordres de souscription.

Agences hors Paris : Aix-en-Provence, Aix-les-Bains, Alais, Amiens, Angers, Angoulême, Annecy, Annonay, Arras, Bar-le-Duc, Beaune, Belleville-sur-Saône, Besançon, Béziers, Bordeaux, Bourg, Caen, Cannes, Cette, Chalon-sur-Saône, Chambéry, Charleville, Cognac, Dijon, Dunkerque, Epinal, Grenoble, Le Havre, Lille, Limoges, Mâcon, Marseille, Menton, Montpellier, Moulins, Nancy, Nantes, Narbonne, Nevers, Nice, Nîmes, Orléans, Perpignan, Reims, Rennes, Rive-de-Gier, Roanne, Roubaix, Rouen, Saint-Chamond, Saint-Etienne, Saint-Germain-en-Laye, Saint-Quentin, Sedan, Thizy, Toulouse, Tourcoing, Troyes, Valence, Valenciennes, Versailles, Vienne, Villefranche-sur-Saône, Voiron.

En Algérie : Alger, Oran.

A l'étranger : Londres, 40, Lombard street; Saint-Pétersbourg, Madrid, Constantinople, Alexandrie, le Caire, Port-Saïd, Genève.

BANQUE PARISIENNE

12, rue Le Pelletier, 12,

5 et 7, rue Chauchat, 5 et 7.

Dans des caves voûtées et blindées sur toutes leurs faces, la Banque met à la disposition du public des coffres-forts qu'elle donne en location pour y déposer tous papiers, valeurs, bijoux ou objets quelconques.

Ces coffres ont tous des **Serrures et Combinaisons différentes,** et pour chacun d'eux **une seule clé** que le locataire détient.

TARIF DE LOCATION

TAILLES	DIMENSIONS			POUR 1 MOIS	POUR 6 MOIS	POUR 1 AN
	HAUT.	LARG.	PROFOND.			
1re	0 20	0 25	0 45	1 50	7 50	15 fr.
2e	0 26	0 40	0 50	3 »	15 »	30 »
3e	0 38	0 40	0 50	4 »	20 »	40 »
*4e	0 48	0 40	0 50	5 »	25 »	50 »
*5e	0 60	0 49	0 50	6 »	30 »	60 »

* Coffres divisés en deux compartiments.

LAWYERS, ATTORNEYS, SOLICITORS

TOULOUSE (I.)
AVOCAT
18, chaussée d'Antin.

BRISCOE-RAE
26, Place Vendôme.

GASTAIGNET
ATTORNEY
87, rue Neuve-des-Petits-Champs.

HALL (J. K.)
19, rue des Moulins.

KELLY (Edmund)
36, avenue de l'Opéra.

PERCY B. LAMMIN
35, rue Boissy-d'Anglas.

J. T. B. SEWELL
SOLICITOR
54, faubourg Saint-Honoré.

TABLEAU DES MONNAIES ÉTRANGÈRES

AMÉRIQUE (États-Unis).

	VALEUR en FRANCS
Or : Double aigle (20 dollars).	102 50
Pièces de 10.5, 2 1/2 dollars.	
Un dollar	5 125
Argent : Un dollar (100 cents)	4 50
Pièces de 50, 25, 10,5 cents.	
Le cent	» 045

ANGLETERRE

Or : Livre sterling-souverain. .	20 shillings . .	25 »
Demi-souverain	10 — . .	12 50
Argent : couronne	5 — . .	6 »
Demi-couronne 2 sh. 6 p.		3 »
Shilling 12 pence		1 20
Six pence		» 60
Quatre pence (groat)		» 40
Trois pence.		» 30
Cuivre : Penny		» 10
Demi-penny		» 05
Farthing		» 022

Mesure itinéraire. Mile = 1 kil. 609 m.

ALLEMAGNE

Or : Doppelkrone (20 marks)	24 50
Krone (10 marks).	12 25
Argent : Trois marks ou thaler.	3 50
Un mark (100 pfennings)	1 20
Pfenning.	» 125

AUTRICHE

Or : Quadruple ducat	47	21
Ducat	11	50
Huit florins	20	»
Argent : Deux florins	4	20
Un florin ou gulden (100 neukr.)	2	10
1/4 florin	»	55
Dix kreuzers	»	30

DANEMARK

Or : Pièce de 10 couronnes	13	25
— de 20 —	26	50
Argent : Pièce de 1 spécie, 4 couronnes	4	20
Pièce de 1 couronne	1	»
— de 50 ore	»	60
— de 25 ore	»	30
— de 10 ore	»	12

ESPAGNE

Or : Alphonsine (25 pesetas)	24	75
Doublon (10 escudos)	25	50
Quatre escudos	10	20
Deux escudos	5	10
Argent : Duro (2 escudos)	5	»
Escudo	2	50
Peseta	1	»
Media peseta	»	50

HOLLANDE OU PAYS-BAS

Or : Doubles	23	50
Ducat (5 florins 50 cents)	11	75
Double Guillaume	41	70
Guillaume (10 florins)	20	59
Demi-Guillaume (5 florins)	10	25
Argent : Rixdaler (2 1/2 florins)	5	»
Florin ou gulden	2	»
Demi-florin	1	»
1/4 florin	»	50

MEXIQUE

Or : Once (4 pistoles)	81 »
Double pistole	40 50
Pistole (4 piastres)	20 29
Ecu (demi-pistole)	10 14
Escudillo (1/4 pistole)	5 07
Argent : Piastre (8 réales)	4 40
Demi-piastre	2 20
Un quart de piastre ou picita	1 10
Demi-réal	» 30

SUÈDE ET NORVÈGE

Or : Pièce de 10 couronnes	13 50
Pièce de 20 couronnes	27 »
Argent : Pièce de 1 spécie (4 couronnes)	4 40
de 1 couronne	1 05
de 50 ore	» 50
de 25 ore	» 25

PÉROU

Or : Pièce de 20 sols	100 »
Pièces de 10, 5, 2, 1 sols.	
Un sol	5 »
Argent : sol	4 10
Cuivre : Dinero (1/10 sol)	» 50

PORTUGAL

Or : Couronne	10,000 reis	55 »
Demi-couronne	5,000 —	27 50
1/5 de couronne	2,000 —	11 »
1/10 de couronne	1,000 —	5 50
Argent : Cinq testons	500 —	2 10
Deux testons	200 —	1 »
Teston	100 —	» 50
1/2 teston	50 —	» 25

ROUMANIE

Or : Vingt leys	20 »
Pièces de 10, 5 leys.	
Argent : Un ley	1 »

RUSSIE

Or : Demi-impérial		20 50
Argent : Rouble (100 kopecks)		3 92
Poltinik ou 1/2 rouble		1 96
Polpoltinik ou 1/4 rouble		» 98
En billon : Abassis	20 kopecks	» 78
Florin polonais	15 —	» 59
Grivenik	10 —	» 39
Piétak	5 —	» 20
Cuivre : Kopeck		» 04
Pièces de 5, 3, 2, 1 kopecks.		

Mesure itinéraire : verste = 1 *kil.* 67 *m.*

URUGUAY

Or : Once	6 »
Argent : Piastre	4 10
Réal	» 67

VÉNÉZUÉLA

Or : Le Bolivar	24 50
Argent : Peso de 10 réaux	4 20
Or : Bolivar de . gr. 1/2	19 50

POIDS ET MESURES

WEIGHTS AND MEASURES

Myriamètre. .	10,000 mètres	6.2138 miles.
Kilomètre . .	1,000 mètres.	1093.633 yards. 5/8ths of a mile.
Décamètre . .	10 mètres	10.93633 yards.
Mètre	Fundamental unit of weights and measures.	1.093633 yard, or 39.371 inches.
Décimètre . .	1/10th of a mètre . . .	3.937079 inches.
Centimètre. .	1/100th of a mètre. . .	0.393708 —
Millimètre . .	1/1000th of a mètre . .	0.03937 —
Hectare . . .	10,000 square mètres. .	2,471143 acres.
Are	100 — . .	0,098845 rood.
Centiare . . .	1 — . .	1.196033 sq. yd.
Kilolitre . . .	1 cubic mètre, or 1000 cubic décimètres.	220.09668 gal.
Hectolitre. . .	100 cubic décimètres . .	22.00967 gallons.
Décalitre . . .	10 cubic décimètres . .	2.20097 —
Litre.	1 cubic décimètre . . .	0.220097 gallon, or 1.760773 pint.
Décilitre . . .	1/10th cubic décimètre .	0.17608 pint.
Stère	1 cubic mètre	35.3158 c. feet.
Décistère. . .	1/10th cubic mètre. . .	3.53166 c. feet.
Millier	1000 kil., or 1 French ton.	19.7 cwt.
Quintal . . .	100 kilogrammes. . . .	1.97 cwt.
Kilogramme .	1,000 grammes weight of 1 cubic décim. of water.	2.6793 lb. troy or 2.2046 lb. avoir du poids.

Hectogramme.	100 grammes	3.2 ounces troy.
Décagramme .	10 grammes.	6.43 penny-weights troy.
Gramme . . .	Weight of 1 cubic centimètre of water.	15.433 gr. troy.
Décigramme .	1/10th of gramme . . .	1.5433 gr. troy.
Centigramme.	1/100th of gramme. . .	0.15433 gr. troy.
Milligramme .	1/1000th of gramme . .	0.01544 gr. troy.

ENGLISH TROY WEIGHT IN GRAMMES

Grain (1/24th of pennyweight) . .	0.065	gramme.
Pennyweight (1/20th of ounce) . .	1.555	—
Ounce (1/12th of pound troy) . . .	31.103	grammes.
Imperial pound troy	0.373238	kilogramme.

FRENCH METRES INTO ENGLISH FEET AND INCHES

Mèt.	Feet.	Inch.	Mèt.	Feet.	Inch.	Mèt.	Feet.	Inch.
0.01	0	0.394	2	6	6.741	50	164	0.539
0.05	0	1.970	3	10	0.112	100	328	1.079
0.10	0	3.937	4	13	1.483	500	1640	5.395
0.20	0	7.874	5	16	4.854	1000[1]	3280	10.790
0.25	0	9.844	10	32	9.708	1609.31	5280	1 mile
0.50	1	9.688	20	65	7.416	4000[2]	13123	7.160
0.75	2	4.532	30	98	5.124	5000	16404	5.950
1	3	3.371	40	131	2.832	10000[3]	32808	11.900

Kilom.	Miles.	Frings.	Yds.	Kilom.	Miles.	Frings.	Yds.
1	0	4	213	8	4	7	164
2	1	1	206	9	5	4	157
3	1	6	199	1myria.	6	1	156
4	2	3	192	2 —	12	3	92
5	3	0	185	3 —	18	5	10
6	3	5	178	4 —	24	6	160
7	4	3	171	5 —	31	0	90

(1) One kilometre. (2) One league. (3) One myriametre.

FRENCH KILOGRAMMES INTO ENGLISH POUNDS (*Avoir du poids*)

Kilog.	Eng. pds	Kilog.	Eng. pds	Kilog.	Eng. pds
1	2.2046	5	11.0230	9	19.8414
2	4.4092	6	13.2276	10	22.0464
3	6.6138	7	15.4322	100	220.4642
4	8.8184	8	17.6368	1000	2204.6428

FRENCH LITRES INTO ENGLISH GALLONS

Lit.	Gall.	Lit.	Gall.	Lit.	Gall.
1	0.2201	5	1.1005	9	1.9809
2	0.4402	6	1.3206	10	2.2010
3	0.6603	7	1.5407	100	22.0097
4	0.8804	8	1.7608	1000	220.0967

FRENCH HECTOLITRES INTO ENGLISH BUSHELS

Hect.	Bush.	Hect.	Bush.	Hect.	Bush.
1	2.7512	5	13.7560	9	24.7609
2	5.5024	6	16.5072	10	27.5120
3	8.2536	7	19.2584	100	275.1208
4	11.0048	8	22.0097	1000	2751.2083

FRENCH HECTARES INTO ENGLISH ACRES

Hect.	Acres.	Hect.	Acres.	Hect.	Acres.
1	2.4711	5	12.3557	9	22.2403
2	4.9423	6	14.8268	10	24.7114
3	7.4134	7	17.2980	100	247.1143
4	9.8846	8	19.7691	1000	2471.1430

POSTES, TÉLÉGRAPHES ET TÉLÉPHONES

L'Hôtel des Postes, rue Étienne-Marcel.

The General Post-office new building in the rue Etienne-Marcel.

Il y a à Paris 75 bureaux de quartier où l'on peut, comme au bureau central, charger et recommander les lettres, et se faire adresser les lettres, *poste restante.*

Paris has 75 branch offices where business is transacted the same as at the General Post-office, but « Post restante » letters must bear address of district office or else such letters will go to the general office.

Des boîtes particulières pour la réception des lettres simples sont placées en grand nombre dans l'intérieur de Paris, notamment chez les marchands de tabac qui tous détaillent les timbres-poste.

Letter and pillar boxes are distributed about, in different parts of Paris and may easily be found, principally at the tobacconist where also postage-stamps may be had.

Une boîte aux lettres est placée dans l'intérieur des meilleurs hôtels.

A letter box is placed inside the best hotels.

Il y a à Paris 8 levées journalières, la dernière levée pour la province et l'étranger est à 4 heures et demie pour les boîtes particulières, 5 heures et demie pour les boîtes des bureaux de quartier et 6 heures pour celles de la grande poste et des bureaux de l'avenue de l'Opéra, de la place de la Bourse et de la rue de Cléry.

There are 8 clearings of letters, the last for the province and foreign mails at 4 30 p. m. from the pillar boxes; at 5 30 p. m. from district offices and at 6 p. m. from the General Post-office. Branch offices in the avenue de l'Opéra, place de la Bourse and the rue de Cléry.

Taxe des lettres — Letter-rates.

France : { y compris la Corse et l'Algérie. / *including Corsica and Algeria.* }

Cartes postales. — *Post cards* . . . . 0 fr. 10

Lettres simples. — *Ordinary letters.*

Affranchies, *prepaid* 0 fr. 15 par . . . . . . } 15 gr.
Non affranchies, *unpaid* 0 fr. 30 *for every* . . . . }

Lettres chargées ou recommandées. . } 0 fr. 25 { en sus.
Registered letters . . . . } { *extra.*

Pour les lettres contenant des valeurs déclarées et dont l'importance est spécifiée sur l'enveloppe, il est perçu, en plus, un droit de 0 fr. 10 par 100 fr. ou portion de 100 fr.

Letters, with a value declared on the envelope, are charged, besides the tax, 0,10 for every 100 fr. or fraction of 100 fr.

Pays ayant adhéré à l'Union postale. . . . . { Europe, Égypte, Chine, Maroc, Perse, Turquie d'Asie, Colonies françaises, États-Unis d'Amérique.
Countries belonging to the postal union. . . . .

Cartes postales. *Postal cards* . . . . 0 fr. 10
Avec réponse payée. *With reply paid* . . . . . 0 fr. 20

Lettres simples. — *Ordinary letters.*

Affranchies, *prepaid* 0 fr. 25 par . . . . . . } 15 gr.
Non affranchies, *unpaid* 0 fr. 50 *for every* . . . . }

Pour les autres pays. *For other countries not in postal union.*

Cartes postales, *Postal cards* . . . . 0 fr. 15
Avec réponse payée. *With reply paid*. . . . . 0 fr. 30

Lettres simples. — *Ordinary letters.*

Affranchies, *prepaid,* 0 fr. 35 par . . . . . . } 15 gr.
Non affranchies, *unpaid,* 0 fr. 60 *for every*. . . . }

Mandats de poste — Post-office Orders.

Pour la France, le droit est de 1 0/0 de la somme versée.

Pour l'étranger, 0 fr. 25 par chaque 25 fr. ou fraction de 25 fr.

May be obtained, for France, at a charge of 1 0/0 and for other countries of 0,25 for every 25 fr. or fraction of 25 fr.

Pour les réclamations s'adresser à l'administration centrale, bureau des rebuts, de 9 h. du matin à 5 h. du soir, les dimanches jusqu'à 2 h.

Complaints to be lodged in the « bureau des rebuts » at the general office, open from 9 A. M. till 5 p. m., on Sunday till 2 P. M.

Liste des bureaux pourvus de cabines téléphoniques publiques.

List of Offices supplied will telephones.

1 Palais de la Bourse
2 Rue Milton, 1.
3 Boulv. Malesherbes, 6.
4 Rue d'Enghien, 21.
5 Pl. de la République, 10.
6 Rue Vaugirard, 17.
7 R. des Haudriettes, 4 et 6.
8 Rue de Choiseul, 18 et 20.
9 Rue Montaigne, 26.
10 R. du V.-Colombier, 21.
11 Av. de l'Opéra, 2 et 4.
12 Boul. Beaumarchais, 66.
13 Hôtel de Ville.
14 R. de Strasbourg, 8.
15 Rue Bonaparte, 21.
16 Rue Réaumur, 47.
17 Rue des Halles, 9.
18 B. Richard-Lenoir, 108.
19 R. de la Bastille, 2.
20 Rue de Provence, 51.
21 Rue de Citeaux, 40.
22 Rue de Cléry, 28.
23 Boul. St-Germain, 104.
24 Gare du Nord.
25 R. St-Dominique, 86.
26 Rue de Poissy, 9.
27 Rue Monge, 104.
28 Rue de Bourgogne, 2.
29 Boulevard du Palais, 1.
30 Boul. de l'Hôpital, 26.
31 Av. Marceau 39.
32 Boul. Voltaire, 105.
33 Boul. Malesherbes, 101.
34 Avenue Duquesne, 40.
35 Rue Littré, 22.
36 Rue de Grenelle, 103.
37 Av. des Ch.-Elysées, 33.
38 Boul. Haussmann, 121.
39 Rue Saint-Denis, 90.
40 Boul. Montparnasse, 174.
41 Rue Pierre-Guérin, 9.
42 Rue des Batignolles, 12.
43 Rue des Pyrénées, 397.
44 Rue de Gallois.
45 Boulevard Ornano, 51.
46 Av. de la Grande-Armée, 50 *bis*.
47 Avenue d'Italie, 77.
48 Boul. Rochechouart, 68.
49 Avenue d'Orléans, 17.
50 Rue Guichard, 9.
51 Place Victor-Hugo, 3.
52 Rue du Rendez-vous, 36.
53 Rue Bayen, 16.

54 Rue d'Allemagne, 139.
55 Rue d'Allemagne, 3.
56 Rue des Capucines, 13.
57 R. des Fr.-Bourgeois, 20.
58 Boulevard de Clichy, 83.
59 Grand Hôtel.
60 Boulevard Saint-Denis, 16
61 Rue Boissy d'Anglas, 3.
62 Rue d'Allemagne, 211.
63 Rue du Bac, 146.

La taxe à percevoir pour l'entrée dans les cabines téléphoniques publiques est fixée, par cinq minutes de conversation, à 0 fr. 50, à Paris.

Des conversations sont constituées entre Paris (Palais de la Bourse), Reims, le Havre; il est perçu une taxe de 1 franc par cinq minutes de conversation. Entre Paris (Palais de la Bourse) et Bruxelles, 3 francs par cinq minutes.

Charge: 50 centimes or ten sous for every four minutes conversation.

Telephonic communication can be obtained actually with Brussells (3 francs for 5 minutes.) Reims, Le Havre (1 franc for 5 minutes).

VOITURES DE PLACE ET DE REMISE — CABS

Dans Paris. — In Paris.

De 6 heures du matin en été (1er avril au 30 septembre) de 7 heures en hiver (1er octobre au 31 mars) jusqu'à minuit et demi. — During the summer (1 April to 30 September from 6 A. M. and in winter months (1 October to 31 March, from 7 A. M. to 12.30 A. M.	Le jour — During the day.						La nuit — During the night.					
	2 places		4 places		6 places		2 places		4 places		6 places	
	La course Single distance	L'heure — per hour	L'heure — per hour	L'heure — per hour	L'heure — per hour	L'heure — per hour	L'heure — per hour	L'heure — per hour	L'heure — per hour	L'heure — per hour	L'heure — per hour	L'heure — per hour
Voitures prises au remisage. Cabs from stables	1.80	2.25	2.25	2.75	3 »	3 »	3 »	3 »	3 »	3 »	3 »	3.50
Voitures prises sur la voie publique . . . . Cabs hired in the street. . .	1.50	2 »	2 »	2.50	2.50	3 »	2.25	2.50	2.50	2.75	3 »	3.50

Au delà des Fortifications. — Beyond the Fortifications.

BOIS DE BOULOGNE, BOIS DE VINCENNES

Et les communes suivantes — and the following suburbs : — Arcueil, Aubervilliers, Bagnolet, Boulogne, Charenton, Clichy, Gentilly, Issy, Ivry, Montreuil, Neuilly, Pantin, Prés-Saint-Gervais, Romainville, Saint-Denis, Saint-Ouen, Saint-Mandé, Vanves, Vincennes.

De 6 heures du matin à minuit en été, et 10 heures en hiver.

During from 6 A. M. to 12 P. M. in summer, and from 6 A. M. to 10 P. M. in winter.

Lorsque le voyageur rentre dans Paris avec la même voiture :

When the hirer returns to Paris, with the same cab :

		2 places	4 places	2, 4 ou 6 places	
		—	—	Communes contiguës / Suburban localities	Bois de Boulogne et de Vincennes
Voitures prises au remisage. . . . . . Cabs from stables	heure / hour	2.50	3 »	3.50	3 »
Prises sur la voie publique . . . . Cabs hired in the street	heure / hour	2 »	2.75	3.50	3 »

Quand le voyageur quitte sa voiture au delà des fortifications, il doit une indemnité de retour

When the hirer leaves the cab beyond the fortifications, he must pay besides the price the hour an indemnity for returning as follows :

Pour une voiture prise au remisage . . . . . For a cab taken at stables.	2, 4 ou 6 places	2 francs.
Pour une voiture prise sur la voie publique . . For a cab taken in the street	2 ou 4 places.	1 franc.
	6 places	2 francs.

Pour les autres localités, il n'y a pas de tarif; on traite de gré à gré.

For the other localities, there is no tariff. Prices must be agreed upon beforehand.

Bagages. — Luggages.

1 colis . . . . . . 1 package. . . .	25 cent.	2 colis. . . . . . 2 packages. . . .	50 cent.	3 colis et au-dessus. 3 packages or more.	75 cent.

Les cochers sont tenus d'effectuer le chargement et le déchargement des colis. Les petits colis que le voyageur peut porter à la main, et qu'il place dans l'intérieur de la voiture, ne paient aucun droit.

The driver is bound to take up and discharge from the cab the hirer's luggage. No charge for small articles taken inside the cab.

La première heure est due intégralement; après, le prix est réglé proportionnellement au temps passé. — Le cocher doit remettre à chaque voyageur le numéro de sa voiture: le conserver en cas de réclamation. — Aux prix ci-dessus fixés, il est d'usage d'ajouter un pourboire.

The whole of the first hour has to be paid for: and after this, payment is made according to time taken. The driver is bound to give the number of his cab, which it is well to preserve in case of claim. — It is usual to give the driver a small *tip* or *pourboire* in addition to the fare.

AGENCES DE TRANSPORT

SHIPPING AGENCIES

Baggage stored and forwarded to all parts of Europe at Fixed Rates. FURNITURE, WORKS OF ART, etc., SHIPPED BY PITT AND SCOTT'S EXPRESS. (Atlantic Passage Ticket Office), 7, rue Scribe, Paris. London : 7, Carlton st., Regent st., and 23, Cannon st. New-York : 229, Broadway, et Liverpool, 16, Preeson's row.

Baldwin's American European Express, New-York in Paris. A. HENRY AND Co., 19, rue Auber, 93, rue des Marais, 4, rue Saint-Marc. Parcels to America and Canada. Reduced rates.

Wells fargo and Co's Express, 19, rue Scribe, Paris. Packages and merchandise forwarded to all parts of the world. Luggage stored.

American Express Company, the only Express Organization of that name transacting business in Europe with authority from the United States Government to carry and deliver foreign shipments for inland points in America direct to destination, without examination and payment of duty at New York or Boston.

Steamer passengers arriving in New York or Boston destined to interior points in the United States, Canada or Mexico can avoid delay on pier by delivery of their extra baggage to the American Express Company's agent in attendance, who will forward same to destination, where the examination and payment of duties, if any, can by made at convenience of the owner.

No charge made for brokerage, bonding or cartage on such shipments.

The Company also receives and forwards business from America to all points in Europe,

Shipments from interior points in Europe can be consigned to the Company's authorized agents : Paris, 3, rue Scribe; London, 35, Milk street, Cheapside, E. C.; Liverpool, 25, Water street; Glasgow, 10, Hanover street; Manchester, 63, Piccadilly; Havre, 1, rue du Chilou; Bremen and Hamburg, N. Luchting C°; Thomas Meadows et C°. General European Agents.

AMBASSADES ET CONSULATS

Les noms et adresses des Ambassadeurs et Envoyés extraordinaires, Chargés d'affaires et Consuls représentant leur pays à Paris, sont indispensables aux touristes et aux hommes d'affaires étrangers.

Voici ces noms et adresses soigneusement contrôlés et classés.

SAINT-SIÈGE

Rue de Varenne, 58.

Mgr L. Rotelli, nonce du Pape.

ALLEMAGNE

Rue de Lille, 78.

M. le comte de Munster, ambassadeur.

M. de Ladenberg, consul,
Rue de Villersexel, 2 (de midi à 3 h.).

AUTRICHE-HONGRIE

Avenue de l'Alma, 7.

M. le comte Hoyos, ambassadeur.

M. le baron Gustave de Rothschild, consul général.
Rue Laffitte, 21.

ESPAGNE

Rue Saint-Dominique, 53.

M. de Léon y Castillo, ambassadeur.

M. C. Flores, consul.
Rue Saint-Dominique, 53 (de midi à 4 h.).

GRANDE-BRETAGNE ET IRLANDE

Faubourg Saint-Honoré, 39.

M. le comte DE LYTTON, ambassadeur.

M. FALCONER ATLEE, consul.

Rue du Faubourg-Saint-Honoré, 39.

ITALIE

Rue de l'Élysée, 14.

Chancellerie : rue de Penthièvre, 11.

M. le général comte MÉNABRÉA, ambassadeur.

M. le chevalier C. A. NÉGRI, consul.

Rue Vézelay, 4 (de midi à 2 h.).

RUSSIE

Rue de Grenelle Saint-Germain, 79. — (Téléphone.)

M. le Baron de MOHRENHEIM, ambassadeur.

M. FARTZOW, consul général,

Rue de Grenelle, 79.

TURQUIE

Rue de Presbourg, 10. — (Téléphone.)

M. ESSAD PACHA, ambassadeur.

M. P. J. DONON, consul général,

Avenue Gabriel, 42.

BELGIQUE

Avenue Marceau, 25. Chancellerie : rue Bizet, 6.

M. le Baron BEYENS, envoyé extraordinaire.

M. E. L. BASTIN, consul,

Rue Bastiat, 6.

BOLIVIE

Rue de Berri, 8.

M. Louis SALINAS VÉGA, chargé d'affaires.

M. le Comte DANIEL DE ARTOLA, consul général,
Rue de l'Échiquier, 27.

BRÉSIL

Rue Auber, 7. — Chancellerie : rue de Téhéran, 17.

M. le Baron d'ARNOS, envoyé extraordinaire.

M. A. Alves MACHADO DE ANDRADE-CARVALHO, consul général,
Rue de Châteaudun, 8 bis.

CHINE

Place Victor-Hugo, 7.

M. Léon JOUI-FENG, envoyé extraordinaire.

M. le général TCHENG-KI-TONG, premier secrétaire.

CHILI

Rue Pierre-Charron, 66. Chancellerie : rue Washington 36.

M. Carlos ANTUNEZ, envoyé extraordinaire.

M. Barlos ZANARTU, consul,
Rue de Courcelles, 47.

COLOMBIE

Boulevard Malesherbes, 4.

M. le général Alexandre POSADA, envoyé extraordinaire.

M. José PRIANA, consul général,
Boulevard Raspail, 10.

COSTA-RICA

Rue de Castiglione, 3.

M. MANUEL DE PERALTA, envoyé extraordinaire.

M. E. PALACIOS, consul général,
Rue des Petites-Écuries, 28.

DANEMARK

Rue de Courcelles, 29.

M. le Comte de MOLTKE-HUITFELDT, envoyé extraordinaire.

M. Paul CALON, consul général,

Rue d'Hauteville, 53.

ÉQUATEUR

Boulevard Malesherbes, 41.

M. Antonio FLORES, envoyé extraordinaire.

M. Clément BALLEN, consul général,

Rue Lafayette, 19.

ÉTATS-UNIS D'AMÉRIQUE

Avenue Marceau, 70. Chancellerie : rue de Galilée, 59.

M. WHITELAW-REID, envoyé extraordinaire.

M. G. L. RATHBONE, consul général.

Avenue de l'Opéra, 36.

GRÈCE

Rue Pierre-Charron, 46.

M. N. DELYANNÈ, envoyé extraordinaire.

M. le baron Émile d'Erlanger, consul général,

Rue Taitbout, 20.

GUATEMALA

Rue Pierre-Charron, 16.

M. Crisanto MEDINA, envoyé extraordinaire.

M. MANZANO-TORRES, consul,

Rue Rossini, 1.

HAITI

Rue Montaigne, 9.

M. Charles LAFORESTRIE, envoyé extraordinaire.

M. J. P. SIMMONDS, consul général,

Avenue de Messine, 6.

JAPON

Avenue Marceau, 75.

M. le vicomte Tanaka, envoyé extraordinaire.

M. Lyon Okosu, consul général,
Avenue Marceau, 75.

MEXIQUE

Avenue Kléber, 46.

M. Ramon Fernandez, envoyé extraordinaire.

M. ***, consul général.
Rue de Maubeuge, 8.
(De 10 heures à 4 heures.)

MONACO

Boulevard de La Tour-Maubourg, 5.

M. le marquis de Maussabre-Beufvier, ministre plénipotentiaire.

NICARAGUA

Rue Bassano, 56.

M. J. Francisco Medina, envoyé extraordinaire.

M. Arthur Petitdidier, consul général.
Rue Blanche, 40.
Chancellerie : Rue Le Peletier, 32.

PAYS-BAS

Rue Lapérouse, 21.

M. le chevalier de Stuers, envoyé extraordinaire.

M. Van Lier, consul général.
Rue Lapérouse, 21 (de 1 heure à 4 heures).

PÉROU

Rue Beaujon, 26. Chancellerie : avenue Hoche, 8.

M. Carlos Candamo, envoyé extraordinaire.

M. Enrique Z. Ayulo, consul.
Rue de la Pépinière, 7.

PERSE

Place d'Iéna, 1.

M. le général Nazare Aga, envoyé extraordinaire.

PORTUGAL

Avenue Marceau, 45.

M. le comte de Valbom, envoyé extraordinaire.

M. Queros, consul général.

Rue de Berri, 35.

RÉPUBLIQUE ARGENTINE

Rue de Téhéran, 22.

M. Joze C. Paz, envoyé extraordinaire.

M. Angel. M. Mendez, consul général.

Avenue des Champs-Élysées, 68.

RÉPUBLIQUE DOMINICAINE

Rue de Balzac, 1.

M. le baron Emanuel de Almeda, ministre plénipotentiaire.

M. A. Houlé, consul général.

Rue Nouvelle, 5.

ROUMANIE

Avenue Montaigne, 1.

Chancellerie : Avenue Montaigne, 33.

M. Basile Alecsandri, envoyé extraordinaire.

SERBIE

Rue de Rivoli, 240.

M. Jean Marinovitch, envoyé extraordinaire.

M. A. B. Gibert, consul général.

Rue Pierre-le-Grand, 8.

SIAM

Rue de Siam (Passy).

M. Phya Krai-Kosa, envoyé extraordinaire.

M. Albert Gréhan, consul général.

Rue Pierre-le-Grand, 8.

SUÈDE & NORWÈGE

Avenue d'Iéna, 56.

Chancellerie : rue Gœthe, 7.

M. le comte Charles Lewenhaupt, envoyé extraordinaire.

M. G. Brostrœm, consul général.

Faubourg Saint-Honoré, 94.

SUISSE

Rue Cambon, 4.

M. Lardy, envoyé extraordinaire.

URUGUAY

Rue Logelbach, 7.

M. le colonel Diaz, envoyé extraordinaire.

M. C. Rossel Rius, consul.

Rue de Lancry, 10.

VÉNÉZUÉLA

Rue Copernic, 43.

M. le général Guzman-Blanco, envoyé extraordinaire.

M. Antonio Parra, consul général.

Rue Copernic, 43.

BAVIÈRE

Rue Marbeuf, 4. Chancellerie : rue Washington, 23.

M. de Reither, chargé d'affaires.

LUXEMBOURG

Boulevard des Capucines, 37.

M. VANNERUS, chargé d'affaires.

M. Eugène BASTIN, consul général.

Avenue Marceau, 25.

SAINT-MARIN

Place Vendôme, 12.

M. le baron MORIN DE MALSABRIER, chargé d'affaires.

HONDURAS

M. Louis GAUBERT, consul général.

Avenue Henri Martin, 64.

HAVAIEN (Royaume)

M. Alfred HOULÉ, consul général.

Rue Nouvelle, 5.

LIBÉRIA

M. L. CARRANCE, consul général.

Rue de Maubeuge, 47.

ORANGE

M. Ch. DE MOSENTHAL, consul général.

Boulevard Pereire, 58 (à 1 heure).

PARAGUAY

M. CADIOT, consul.

Rue Moncey, 2.

SALVADOR

M. Eug. PESTOR, consul général.

Chancellerie : rue Rossini, 3. Rue de Châteaudun, 46.

ZANZIBAR

M. Hilarion ROUX, consul général.

Rue Taitbout, 37.

ÉGLISES ANGLAISES, AMÉRICAINES ET ISRAÉLITES

ÉGLISES PROTESTANTES ANGLAISES ET AMÉRICAIMES

English and American protestant churches.

English church, rue d'Aguesseau, 5.

Opposite English Embassy. *Service* : 11 A.M, 3.30 P.M, and 8 P.M. *Holy communion* at 11 A.M.

English church, rue des Bassins, 7.

Services 8.30, 11 A.M. and 8 P.M.

Christ church, boulevard Victor-Hugo, 33, à Neuilly.

Christ church, 49, boulevard Bineau, à Neuilly.

Services: 10.30 A.M. and 4 P.M. *Holy communion*: 8.30 A.M. and noon.

Holy Trinity (American), avenue d'Alma, 19.

English congregational chapel, rue Royale, 23.

American presbyterian chapel, rue de Berry, 21.

Services 10.30 A.M. *Sunday school* at 3 P.M. *Bible reading every monday* at 4 P.M.

Church of Scotland, rue Bayard, 17.

Services 11 A.M. and 3 P.M.

Church of Scotland oratoire, rue de l'Oratoire-du-Louvre, 4.

Wesleyan methodist church, rue de Rocquépine, 4.

Service 11 A.M.

ÉGLISES CATHOLIQUES ANGLAISES ET AMÉRICAINES

English and American Romish church.

Saint-Joseph, 50 avenue Hoche.

Masses at 6, 7, 8, 9, 10 and 11,30 A.M. *Sermon* after the 10 O'clock mass. *Evening service* : 3,15.

SYNAGOGUES

Rue Notre-Dame-de-Nazareth, 15.

Rue de la Victoire, 44.

Rue des Tournelles, 21, près la place des Vosges.

Rue Buffault, 28 (Portugaise).

ENGLISH AND AMERICAN CLERGYMEN

ENGLISH CLERGYMEN

Rev. S. H. Anderson, 23, rue Royale.
Rev. Patrick Beaton, M. A., 12, rue de Presbourg.
Rev. W. Gibson, B.-A., 4, rue Roquépine.
Rev. T. H. Gill, 8, rue de Berry.
Rev. A. J. Harrison, 51, boulevard Bineau, Parc de Neuilly.
Rev. Dr. Mac All, 28, Villa Molitor, Auteuil.
Rev. W. H. Price, 4, rue Roquépine.

CATHOLIC CLERGYMEN

Rev. Father Dominique, 50, avenue Hoche.

AMERICAN CLERGYMEN

Rev. J. W. Hough, 61, avenue Friedland.
Rev. J. B. Morgan. D.D., 5, avenue Montaigne.

DOCTEURS ET CHIRURGIENS FRANÇAIS

Le Dr DIEULAFOY, 16, rue Caumartin. — Consultation les lundis, mercredis et vendredis de 2 à 4 heures.

Le Dr AUBEAU, 32, boulevard des Capucines.

Le Dr MAURI, 21, rue Saint-Pétersbourg. — Tous les jours, de 1 à 3 heures, excepté le jeudi.

Le Dr PÉAN (chirurgien), 24, boulevard Malesherbes. — Lundi, mercredi et vendredi, de 3 à 6 heures.

SAGES-FEMMES

Mme LA CHAPELLE, 27, rue du Mont-Thabor, de 2 à 4 heures.

Mme DAUDET, 8, cité Gaillard. — Tous les jours.

ENGLISH AND AMERICAN

PHYSICIANS AND SURGEONS

IN PARIS

BOGGS, *late* of H. M.'s Indian Army, 362, rue Saint-Honoré.

FAURE-MILLER, physician to the Hertford Hospital of Paris, 28, rue Matignon.

Honble ALLAN HERBERT, physician to the Hertford Hospital of Paris, 18, rue Duphot.

C. F. LOUGHMAN, M. D. (English doctor), 38, rue de Berry, Faubourg Saint-Honoré (from 1 to 3).

MAC GAVIN, 4, rue Saint-Philippe-du-Roule.

SURGEON DENTIST

Doctor THOMAS EVANS, 13, rue de la Paix.

ENGLISH AND AMERICAN CHEMISTS

Hogg, rue Castiglione, 2, and avenue des Champs-Élysées, 62.

E. Gallois, place Vendôme, 2.

BOIS ET FORÊTS DES ENVIRONS

AVEC INDICATIONS DES VOIES FERRÉES ET STATIONS POUR Y ARRIVER

Woods and forests in the neighbourhood of Paris for pic-nic parties with the names of the railway stations to drive to and the names of the stations for which a return ticket should be taken.

(These last are between brackets.)

Ligne du Nord. — Forêt de Montmorency (Taverny-Montmorency), bois de la Perle (Méry-sur-Oise), forêt de l'Isle-Adam (Isle-Adam), forêt de Carnelle (Presles), forêt de Coyes (Coyes), forêt de Chantilly (Chantilly), forêt de Compiègne (Compiègne), forêt de Pontarme (Senlis), forêt d'Ermenonville (Senlis), forêt de Bondy (Raincy).

Ligne de l'Est. — Bois de Montfermeil (Gagny), parc de Cueilly (Villiers-sur-Marne), forêt d'Armainvillers (Tournan), forêt de Crécy (Villeneuve-le-Comte, Morcerf, la Malmaison), forêt de la Lechelle (Villepatour), bois de Vitry (Verneuil).

Ligne de Vincennes. — Bois de Vincennes, bois Notre-Dame (Boissy-Saint-Léger), Gros-Bois (Boissy-Saint-Léger).

Ligne de Lyon. — Forêt de Sénart (Brunoy), forêt de Rougeau (Cesson), forêt de Fontainebleau (Bois-le-Roi, Fontainebleau), plaine de Sermaise (Bois-le-Roi).

Ligne d'Orléans. — Forêt de Seguigny (Villemoisson), forêt de Linas (Arpajon), forêt de Dourdan et de Louye (Dourdan).

Ligne de Sceaux. — Bois de Verrières (Antony), bois de Chevreuse (Saint-Remi).

Ligne de l'Ouest (Montparnasse). — Bois de Meudon (Meudon, Chaville, Viroflay), bois des Fosses-Reposes (Marnes), bois de Trappes (Trappes), forêt de Rambouillet (Le Perray, Rambouillet), bois de Sainte-Appoline (Villiers), forêt des Quatre-Pilliers (Millemont).

Ligne d'Ouest (Saint-Lazare). — Forêt de Saint-Germain (Saint-Germain, Maisons-sur-Seine, la Muette), forêt de Rosny (Rosny).

LES

MENUS D'ALBERTY

BONS ENDROITS ET BONS PLATS

MENU

Moules marinière.
Foie de veau au vin blanc.
Laitues au jus.
Charlotte de pommes.

MENU

Potage purée d'asperges.
Turbot au gratin.
Filet de bœuf napolitaine.
Côtelettes d'agneau provençale.
Cannetons rôtis.
Aubergines farcies.
Croûte à l'ananas.

MENU

Timbale de macaronis.

Rognons à la brochette.

Entrecôte béarnaise.

Pommes paille.

Salade de légumes.

MENU

Potage purée d'artichauts.
Saumon sauce verte.
Escalopes de foie gras Rossini.
Jambon sauce madère.
Poulet zingara.
Salade de Romaine.
Beignets de pêches.

MENU

Potage purée de marrons.

Rougets maître d'hôtel.

Canard aux navets.

Crème au café.

MENU

Mayonnaise de poisson.

Poulet sauté chasseur.

Cardons à la moelle.

Bombe moka.

MENU

Potage Reine.

Contre-filet flamand.

Côte d'agneau provençale.

Asperges beurre fondu.

Salade.

Pouding de cabinet.

MENU

Filets de soles maître d'hôtel.

Sauté de bœuf bonne femme.

Pointes d'asperges en petits pois.

Siraudin! Un nom toujours à la mode, qu'il s'agisse de théâtre ou de fine gourmandise; parmi les cadeaux un sac brodé, une faïence artistique, un bibelot japonais, un coffret oriental, un mignon chef-d'œuvre de vannerie garni de fleurs, le tout bourré de **Bonbons SIRAUDIN**, est celui que toute jolie femme désire recevoir.

Ce n'est plus maintenant rue de la Paix que l'on cherche le célèbre confiseur, mais place de l'Opéra, à l'angle du boulevard des Capucines. Sa fusion est un fait accompli avec l'ancienne maison Louis Marquis, chocolatier, la première maison du nom de Marquis, fondée en 1806 (Pelletier et Cie, successeurs).

MENU

Matelotte de poisson.

Pieds de porc truffés.

Purée de pommes de terre.

Fraises et pot de crème.

MENU

Potage queue de bœuf.
Bouchée à la reine.
Mouton braisé jardinière.
Escalopes de veau aux petits pois.
Asperges gratinées au fromage.
Salade.
Pouding diplomate sauce aux fraises.

Autre restaurant de premier ordre et fréquenté par le dessus du panier de la société parisienne et étrangère. Cuisine très fine et service irréprochable. Notez bien le nom et l'adresse, vous me saurez gré de vous avoir recommandé le

RESTAURANT DURAND

(SYLVAIN)

2, Place de la Madeleine, 2.

PARIS

MENU

Potage Paysanne.

Filets de maquereau sauce tartare.

Contre-filets Nivernais.

Caneton aux olives.

Épinards au jus.

Bavaroise au chocolat.

Choisissez un bon restaurant et notez bien que la vogue du NOUVEAU BRÉBANT va sans cesse grandissant. Tous les salons sont retenus chaque soir, et même à l'avance. Les cabinets ne sont pas moins recherchés pour les tête-à-tête. Foule partout.

Il faut dire que Paris ne possède pas d'établissement mieux agencé ni plus consciencieux.

MENU

Œufs brouillés aux champignons.

Côtelettes d'agneau sauce tomate.

Salade russe.

MENU

Nouilles à l'italienne.

Ailerons de dinde grillés.

Salade de homard.

MENU

Friture de goujons.

Rognons de veau sautés.

Salade vénitienne.

MENU

Potage à la tomate.

Truites au bleu.

Ris de veau chicorée.

Tournedos Rossini.

Flageolets maître d'hôtel.

Bombe Plombière.

MENU

Potage Crécy.

Sole aux moules.

Tête de veau tortue

Canards aux petits pois.

Salsifis frits.

Riz impérial.

JARDIN ZOOLOGIQUE D'ACCLIMATATION

DU BOIS DE BOULOGNE

Ouvert tous les jours au public.

PRIX D'ENTRÉE			ABONNEMENTS	
En semaine	1 fr.	»	Par personne (hom., femmes, enfants).	25 fr. par an. / 15 fr. par sem.
Dimanches	0	50	Voitures	50 fr. par an. / 30 fr. par sem.
Voitures	3	»		

COLLECTION DES ANIMAUX UTILES

DE TOUS LES PAYS

Et principalement de ceux que l'on cherche à acclimater en France.

LES ÉLÉPHANTS, DROMADAIRES, AUTRUCHES ET PONEYS

Sont employés chaque jour à la promenade des Enfants.

Chenil : Collection d'étalons et de Lices.
Ecuries : Girafes, Eléphants, Zèbres, Poneys, Cerfs et Biches.
Chalet : Antilopes, Lamas, Chèvres, Yacks, Kangurous.
Lapinière : Collection de différentes races.
Volières : Faisans, Perroquets, Perruches, Oiseaux des îles, Paons.
Pièces d'eau : Cygnes, Oies, Bernaches, Canards domestiques, Canards de luxe, Sarcelles.
Poulerie : Coqs et Poules de différentes races.
Pigeonnier : Pigeons voyageurs, de volières et autres.
Otaries ou Lions de mer et Phoques. Repas de 2 à 5 heures.
Singerie.

GRAND JARDIN D'HIVER. — AQUARIUM

HYDRO-INCUBATEURS, COUVEUSES ARTIFICIELLES

LE JARDIN D'ACCLIMATATION VEND ET ACHÈTE DES ANIMAUX

S'adresser au bureau de l'Administration, près la porte d'entrée.

Exposition permanente et vente des objets industriels

Utiles à l'Agriculture, à l'Horticulture, à l'entretien des Animaux.

MANÈGE. — École d'équitation expressément réservée pour les enfants. Le cachet, donnant l'entrée à l'élève et à la personne qui l'accompagne, 2 fr. 50.

LIBRAIRIE. — On peut se procurer à la Librairie spéciale du Jardin d'acclimation les ouvrages qui traitent d'agriculture, d'horticulture, d'histoire naturelle et d'acclimatation.

LAIT. — Envoyé à domicile, deux fois par jour, en vases plombés. — Pour les commandes s'adresser par écrit au directeur de l'Établissement.

BUFFET. — Déjeuners et dîners. — Rafraîchissements divers.

AVIS. — Les **Catalogues** publiés par le Jardin d'Acclimatation sont envoyés *franco* en réponse à toute demande. (Catalogue des Animaux *et des œufs mis en vente*, Catalogue du Chenil, Catalogue des Plantes, Catalogue des Vignes et Catalogue de la Librairie.

MENU

Œufs au beurre noir.

Pâté de lièvre.

Pommes de terre sautées.

Après le repas prenez un verre de **Curaçao** ou de **Sherry Brandy.**

Bonne renommée vaut mieux que ceinture dorée, dit le proverbe. C'est aussi la devise de WYNAND FOCKINK, la célèbre maison d'Amsterdam, dont le dépôt unique en France est à Paris, 2, *rue Auber.* Point d'étiquettes multicolores, dorées, éclatantes. Ses exquises liqueurs, le **Curaçao double-orange, rose, vert,** son **Anisette,** son **Sherry Brandy** sont renfermés dans de simples cruchons, bouteilles ou demi-bouteilles. Mais leur universelle renommée répond de leur qualité hors ligne.

MENU

Potage croûte au pot.

Filet de sole sauce tomates.

Ris de veau financière.

Petits pois bonne femme.

Salade de laitue.

Charlotte russe glacée.

MENU

Œufs brouillés aux truffes.

Chateaubriand.

Asperges sauce blanche.

MENU

Potage crème aux pointes d'asperges.

Sole au gratin.

Côtelettes de mouton jardinière.

Tournedos béarnaise.

Petits pois à la française.

Salade de romaine.

Mousse au chocolat.

MENU

Potage Crécy.

Sole normande.

Côtelettes d'agneau soubise.

Salade de choux-fleurs.

Croûte aux fruits.

MENU

Potage Saint-Germain.

Filets de maquereau à la Vénitienne.

Tournedos jardinière.

Pommes de terre à l'ananas.

Salade.

Meringues glacées.

MENU

Consommé royal.

Homard à l'américaine.

Filet de bœuf Richelieu.

Asperges sauce mousseline.

Salade russe.

Omelette soufflée.

MENU

Potage Bisque.

Truites meunières.

Côtelettes de veau à la Maintenon.

Épinards crème.

Canards à la rouennaise.

Salade de chicorée.

Pouding Nesselrod.

MENU

Œufs à la tripe.

Filet de bœuf pommes soufflées.

Artichauts à la Barigoule.

MENU

Bœuf au gratin.

Brochettes de foie de volailles.

Fonds d'artichauts sautés.

MENU

Potage Célestins.

Coquilles Saint-Jacques.

Bœuf braisé jardinière.

Ballotine de cannetons Milanaise.

Fonds d'artichauds en salade.

Croûtes aux fraises.

MENU

Œufs à la cocotte.

Pâté de foie gras.

Tomates farcies.

Salade de cresson.

MENU

Œufs brouillés aux pointes d'asperges.

Salade de bœuf à la Parisienne.

Croquettes d'artichauts.

MENU

Omelette au fromage.

Merlans au gratin.

Mayonnaise de poulet.

MENU

Poisson Béchamel.

Poulet Marengo.

Bœuf à la russe.

Asperges en branche.

MENU

Omelette aux rognons.

Écrevisses à la Bordelaise.

Côtelettes à la Napolitaine.

Crème brûlée.

MENU

Omelette foie de volaille.

Jambon aux épinards.

Escalope de veau milanaise.

Macédoine de fruits.

MENU

Œufs brouillés aux truffes.

Tête de veau vinaigrette.

Filet Maire.

Raviolis au gratin.

MENU

Potage à la Chantilly.

Alose maître d'hôtel.

Poulet en papillotes.

Choux-fleurs gratin.

Glace panachée.

MENU

Omelette au lard.

Aspic de foie gras.

Salade de pommes de terre aux truffes.

MENU

Œufs brouillés Lyonnaise.

Cervelles de mouton au beurre noir.

Salade de haricots verts.

MENU

Potage au potiron.

Cabillaud sauce câpres.

Contre-filet laitues.

Poulet au riz.

Haricots sautés.

Beignets à l'ananas.

Nous trouvons dans le « London Times » du 3 courant les résultats obtenus pendant l'année 1888 par la Compagnie d'assurances sur la vie l'*Équitable* des États-Unis. C'est une autre année de remarquable succès à ajouter à l'histoire du développement déjà si merveilleux de cette puissante Société. Son actif, ou fonds de garantie, a atteint 487 millions de francs, en augmentation de 50 millions sur l'année précédente; les recettes passent de 120 millions à 132 millions, l'excédent de l'actif sur le passif de 93 à 103 millions.

Les affaires nouvelles réalisées en 1888 s'élèvent à environ 800 millions, soit une augmentation de près de 10 millions sur l'année précédente. Aux États-Unis, elle laisse loin derrière elle toutes les autres Compagnies pour le chiffre des affaires nouvelles, et en Europe elle obtient un total beaucoup plus considérable d'affaires nouvelles qu'aucune Compagnie européenne. Les causes principales de cette popularité universelle de l'*Équitable* sont les avantages de ses combinaisons, les conditions libérales de ses polices, l'élévation toujours constante des dividendes répartis aux assurés et la promptitude avec laquelle l'*Équitable* règle ses polices.

MENU

Potage au macaroni.

Saumon sauce rémoulade.

Gigot bretonne.

Canard à la Porte Jaune.

Aubergines gratinées.

Pêches à la Condé.

MENU

Bouillebaisse.

Tripes à la mode de Caen.

Salade de salsifis.

MENU

Perches frites sauce rémoulade.

Bœuf miroton.

Escalopes de veau et jambon d'York.

MENU

Potage purée de haricots.

Sole bouillie au beurre d'anchois.

Bœuf braisé bourgeoise.

Filet de veau oseille.

Petits pois au sucre.

Tarte aux fraises.

MENU

Œufs brouillés aux tomates.

Rognons sautés au vin de Champagne.

Salade de volaille.

Beignets d'ananas.

MENU

Potage nivernais.

Bœuf braisé flamande.

Vol-au-vent financière.

Asperges sauce crème.

Salade japonaise.

Glace napolitaine.

PARIS AUX EAUX

La vie parisienne n'est point bornée, comme on pourrait le croire, au Nord par les boulevards, au Sud par la Seine et le Palais-Royal, à l'Ouest par les Champs-Élysées.

La vie de Paris comporte encore les excursions, les séjours de plusieurs semaines, les *saisons*, selon le terme consacré, dans les villes d'eaux et les bains de mer où émigrent, comme des volées d'oiseaux, mondains, rentiers, boursiers, commerçants, artistes et gens de lettres, dès que les grandes chaleurs ont fait de Paris un lieu de séjour insupportable.

Nous croyons donc devoir donner dès à présent un rapide aperçu des bons endroits où les curieux et les malades, grâce à la rapidité des chemins de fer, peuvent aller tout en gardant leur pied-à-terre parisien.

Nous commencerons notre nomenclature par celles des villes d'eaux dont la réputation est la mieux établie — promettant au lecteur de n'en parler que d'après notre propre expérience ou celle de nos amis.

⁂

VICHY

Chemin de fer de Lyon par le Bourbonnais jusqu'à Vichy même. — Prix du voyage : 45 francs.

Saison des Bains (ouverture le 15 mai).

Bains et Douches de toute espèce pour le traitement des maladies de l'estomac, du foie, de la vessie, gravelle, diabète, goutte, calculs urinaires, etc.

Théâtre et Concert au Casino; musique dans le Parc; cabinet de lecture; salon réservé aux dames; salons de jeux, de conversation et de billard.

Hôtels recommandés. — Grand Hôtel des Ambassadeurs et Grand Hôtel.

***

VALS

Chemin de fer de Lyon, puis embranchement de Livron jusqu'à Vogué, à 16 heures de Paris. Voitures de Vogué à Vals, 1 heure. — Prix du voyage : 57 francs.

Sources :

Saint-Jean. — Affections des voies digestives, pesanteur d'estomac.

Précieuse. — Appareil biliaire, calculs hépathiques, jaunisse, gastralgies.

Rigolette. — Pâles couleurs, hystérie, lymphatisme, marasme, fièvres.

Désirée. — Constipation, incontinence d'urine, calculs, coliques néphrétiques.

Magdeleine. — Maladies du foie, des reins, de la gravelle et du diabète.

Dominique. — Excellente contre les maladies de la peau, asthme, catarrhe pulmonaire, chlorose, anémie, débilité.

Détail : dans tous les dépôts d'eaux minérales et les pharmacies, à 0,80 cent. la bouteille.

Expéditions directes par caisses de 50 et 24 bouteilles au prix de 30 et 15 francs prises à Vals.

Toutes les demandes doivent être adressées à la Société générale des Eaux, à Vals.

***

AIX-LES-BAINS (Savoie).

Chemin de fer de Lyon, par Mâcon et Culoz, jusqu'à Aix même, à 11 heures de Paris. — Prix du voyage, 72 francs.

Les maladies contre lesquelles on conseille les eaux d'Aix sont les rhumatismes. Elles sont appropriées principalement aux constitutions lymphatiques et scrofuleuses.

Aix a énormément gagné depuis son annexion à la France ; les faveurs et les subventions ont plu sur ces thermes comme cadeau de joyeux avènement. On y compte aujourd'hui : six piscines de natation, dont une exclusivement consacrée aux maladies de la peau, et où l'on prend le bain prolongé comme à Louëche ; trente-deux cabinets de bain ; six piscines, avec tout un arsenal de douches.

La douche est la grande spécialité d'Aix. Rien ne saurait égaler l'habileté de ceux qui l'administrent. On se croirait en Orient où les premiers doucheurs sont allés se former.

Aix est une jolie ville, située à trois lieues de Chambéry, dans une vallée agréable que borde du sud au nord une double chaîne de montagnes. Son climat est doux et très salubre. Nulle part vous ne trouverez un service médical plus complet. Le casino peut rivaliser avec les plus beaux du monde entier.

***

DIEPPE

Chemin de fer de Paris à Dieppe. Départ gare Saint-Lazare, trajet en 3 heures 30. 1re classe, 20 fr. 65 c., 2me classe, 15 fr. 50 c.

N. B. — Cette promenade à travers les plus jolis sites de la Normandie — le jardin de la France — vaut à elle seule la peine de faire l'excursion.

Dieppe est la plage la plus rapprochée de Paris. La ville a l'avantage d'être reliée à l'Angleterre par un service incessant de bateaux à vapeur. Les rues y sont belles, larges, bien aérées. L'animation se porte principalement dans la Grande-Rue, sur le port, et aux abords de la plage.

La mode s'est depuis longtemps emparée de la plage dieppoise. La ville a fait construire, en 1857, un établissement de bains de mer avec casino, dans le style du Palais de Cristal. Un jardin anglais avec bassins et jets d'eau, entoure les bâtiments et une vaste terrasse règne entre le casino et la mer; de la terrasse, on descend à la plage. Ce casino a été merveilleusement transformé sous l'habile direction de M. Isidore Bloch. Allez passer quelques jours à Dieppe pour vous remettre des fatigues de l'Exposition.

Environs. — Si l'on veut renoncer aux bains pour les plaisirs de la promenade, l'hygiène n'y perdra rien, et, pour les buts d'excursion, on n'aura que l'embarras du choix : les jetées, le jardin anglais, long de plus d'un kilomètre, créé entre la ville et la gare, le cours, et surtout les falaises qui offrent un coup d'œil toujours nouveau. La plus haute falaise, située entre le village de la Caudécôte qui lui donne son nom et la mer, a 91 mètres d'altitude. A 4 kilomètres de Dieppe, Pourville, assez joliment situé dans une vallée pittoresque. Un peu plus loin, à 6 kilomètres de Dieppe, Varengeville, où l'on voit les restes du somptueux manoir du célèbre Ango (XVIe siècle), une ferme aujourd'hui; à 2 kilomètres de Varengeville se dresse le phare d'Ailly au dessus du vallon de la Saâne où fut jadis le siège d'un des plus

importants établissements romains de la Gaule. Des fouilles faites en 1840 ont amené la découverte d'une *villa romaine* où s'est conservée une fort belle mosaïque. Aux environs encore, Puys, la cité de Limes, Arques avec sa belle forêt et son vieux château vraiment pittoresque.

Toute la côte dieppoise est d'ailleurs, à juste titre, célèbre par les points de vue qu'on y rencontre.

BOULOGNE-SUR-MER

Chemin de fer de Paris à Boulogne. Gare du Nord. Trajet en 4 heures et demie, par Amiens et Abbeville. 1re classe 31 fr. 25 c., 2e classe 23 fr. 45 c. *(à 4 heures de Londres.)*

Belle plage de sable fin. Boulogne est presque une cité anglaise. Les Anglais y forment le dixième de la population. Service de paquebots entre Boulogne et Folkestone.

Les environs sont pittoresques. On peut faire à Boulogne une visite prolongée et très intéressante.

Grands établissements du casino et des bains, à 4 heures de Londres. H. Hirschler, fermier général des établissements. Ouverture de la saison le 15 mai.

Casino. — L'établissement comprend un service complet d'hydrothérapie; école de natation pour hommes et pour dames; bains de mer et d'eau douce; café-restaurant de premier ordre ayant vue sur la ville, le port, les jardins du Casino et toute la plage, cercle privé, salle de spectacle, de concert, de bal, d'escrime et de billard, jeux de salon et de jardin; skating-ring; lawntennis; crokett, gymnase, salon de tir à la carabine et au pistolet: salon de lecture et de correspondance; salon de coiffure pour hommes et pour dames.

Tous les jours, grand concert instrumental: 40 musiciens; chef d'orchestre: M. Bromet.

Les mardis, jeudis, samedis et dimanches, représentations théâtrales, orchestre de 40 musiciens sous la direction de M. P. Bromet.

Tous les jeudis, grands bals d'enfants, costumés et non costumés: à chaque bal tombola amusante pour les enfants. — Tous les vendredis, grand bal avec le concours de tout l'orchestre. — Tous les soirs dans les jardins illuminés par plus de 3,000 becs de gaz, grands concerts, bals populaires, feux d'artifice, fêtes champêtres, etc.; les jours où il n'y a pas représentation théâtrale, grande sauterie de famille avec orchestre.

Pendant toute la saison balnéaire exposition de tableaux et d'objets d'art.

Pendant la saison: grandes courses de chevaux, tir aux pigeons, régates, fêtes nautiques: excursions à Londres, traversée de Boulogne à Folkestone 1 heure 15 minutes; pendant la saison 1888 les établissements ont été visités par plus de 150,000 personnes.

10,000 abonnés au Casino; — 75,000 bains à la mer; — 25,000 à l'école de natation; — 7,000 bains chauds et douches.

Bains de mer chauds.

Hôtels recommandés. — Hôtel du Pavillon impérial et des Bains de mer. — Hôtel des Bains.

***

BIARRITZ

A une demi-heure de Bayonne, sur les confins du pays basque, à deux pas de l'Espagne, il y a une plage pittoresque et joyeuse qui a nom Biarritz. Aux mugissements de l'Océan qui roule avec fracas des vagues écumantes, viennent se mêler les sons mélodieux d'un orchestre, le babil joyeux des bébés et les cris polyglottes de baigneurs et de baigneuses prenant leurs ébats.

Grâce à l'infatigable persévérance de ses habitants, Biarritz acquiert chaque année de nouvelles séductions. Par son admirable situation sur l'Océan, par la majesté de ses horizons, par les riantes localités environnantes qui offrent des buts attrayants d'excursion, par la douceur de sa température, cette plage est une des plus séduisantes de France.

Dès l'aube, une mosaïque de promeneurs se répand sur les plages et sur les falaises, pour respirer l'air vivifiant du matin, pour contempler les splendeurs de cette mer toujours en fureur, luttant sans cesse avec les mille rochers de la côte. Après le déjeuner, ces nombreux promeneurs inondent les rues et les places, sous les rayons d'un soleil caniculaire, pour assister à l'arrivée des étrangers que des voitures amènent des quatre points cardinaux. Au Port-Vieux, il y a tous les jours une réunion de belles mondaines, revêtues de gracieuses toilettes de nuances tendres ou vives, qui viennent se reposer, tenant à la main un roman, un journal ou un travail de crochet.

Du Port-Vieux, la route qui le contourne se continue à travers des rochers monstres, et, passant par un pont jeté au-dessus du gouffre, conduit à la côte des Basques. Là le tableau change. C'est la falaise argileuse, grise, crevassée, élevée à pic au-dessus de la plage, se poursuivant sur une longueur de plusieurs kilomètres. La plage, à la côte des Basques, est étendue, la vague est longue et uniforme; on la voit arriver de loin pour se briser ensuite régulière et mugissante sur la grève.

Cette plage est le rendez-vous des Basques, qui, à certains mois de l'année, viennent s'y baigner en foule. Hommes

et femmes se tiennent par la main et s'agitent tout en faisant retentir les airs de leurs cris sauvages. De la plage, on remonte par un escalier en zig-zag sur le haut de la falaise, où s'étale aux yeux éblouis le plus merveilleux spectacle.

Un coucher de soleil vu de la côte des Basques ou des hauteurs avoisinantes est un des spectacles les plus imposants que l'on puisse voir. Quelquefois le soleil, avec son globe de feu, s'éteint peu à peu dans les ondes de l'Océan, laissant, par un effet de mirage, entrevoir son disque doré encore longtemps après qu'il a disparu caché sous l'horizon; ou bien, s'enfonçant au milieu de nuages empourprés, il projette ses rayons jusqu'au haut de la voûte céleste et en répand l'éclat sur le ciel et la mer dont les tons variés changent à chaque instant.

Chaque minute qui s'écoule produit un autre tableau, et souvent l'on croirait voir les torrents de la lave incandescente d'un volcan en éruption ou l'embrasement d'un incendie dévorant dont les vapeurs rougeâtres vont se refléter de tous côtés en traçant sur les flots un sillage de lumière qui s'avance et vous suit.

Parmi les riches propriétaires de villas — lesquelles sont de véritables châteaux — je dois citer entre autres le duc et la duchesse de Parme; le duc de Frias; la duchesse de Bauffremont, le marquis de Noailles, ambassadeur de France à Vienne; le comte de La Rochefoucauld, dans le château duquel la reine d'Angleterre vient de passer un mois sur les bords de l'Océan; la comtesse de Nadaillac; Mme de Montmorency; M. Boulard, dans son superbe château surnommé la « Folie-Boulard », à cause des trois millions qu'il a dépensés à sa construction; maréchal Serrano et sa famille, qui ont ici toute une cour de ravissantes signoritas et de galants caballeros; lord Windbourn, arrière-petit-fils de Marlborough; le duc d'Ossuna, marquis de Javalquinto, grand d'Espagne; la marquise d'Aylesbury, veuve de lord Ernest Bruce; marquis d'Aylesbury, pair d'Angleterre, descendant des anciens rois d'Écosse; le prince et la princesse Sapiétra; prince et princesse Pignatelli d'Aragon; comte de Sobradiel, grand d'Espagne, etc.

Biarritz est le point de rendez-vous où se rencontrent la plupart des baigneurs qui viennent faire leur saison thermale

à Luchon, Capvern, Bagnères-de-Bigorre, Barèges, Saint-Sauveur, Cauterets, Eaux-Bonnes; en un mot, de tout ce que la France envoie dans les Pyrénées, lesquels deviennent de plus en plus à la mode.

Contrairement à ce qui se produit pour les autres plages, la saison de Biarritz se continue jusqu'à la fin du mois d'octobre.

C'est la colonie russe, qui, arrivant en septembre, ajoute un nouvel et puissant élément à la vie élégante de ce délicieux séjour. Les principaux personnages russes qui reviennent depuis plusieurs années, et qui paraissent avoir définitivement adopté Biarritz comme station balnéaire, sont : le grand-duc Constantin, le prince Alexis, le prince Vladimir, la grande-duchesse Marie, les princes Bobrinskoff et Tschelicheff, avec un grand nombre de généraux, financiers moscovites.

On jouit à Biarritz d'un privilège assez rare : celui de pouvoir se réunir dans de vastes salons, sur une superbe terrasse, où l'on fait d'excellente musique, de pouvoir danser tous les soirs dans une belle salle de bal avec grand orchestre et buffet abondamment pourvu; jouer au billard, tirer à la carabine, lire la collection complète de tous les journaux qui se publient sous la calotte du ciel, avec le même confort, la même aisance que si on était chez quelque haut et puissant seigneur dont la fortune permettrait la réunion d'une aussi nombreuse société.

Sur le fronton de ce grand palais mauresque on lit le mot : *Casino*; mais c'est assurément le seul point sur lequel cette maison hospitalière ressemble aux autres édifices de ce genre. Il est indiscutable que, grâce aux efforts de la nouvelle administration, qui a montré tant d'intelligence et de dévouement, Biarritz a pris un essor tout nouveau. L'établissement est géré par des hommes du meilleur monde, habitués à tous les raffinements de la grande vie mondaine et possédant tout le tact nécessaire à ceux qui reçoivent. Aussi, pas de pose, pas de gêne, tout le monde se connaît ou se connaîtra, et souvent ces relations passagères deviennent des amitiés durables et parfois de brillants mariages.

Encore n'y a-t-il pas que bals et concerts dans ce coin de terre privilégié. Quand vous avez goûté la voluptueuse sensation communiquée par l'archet du maestro Gobert, alors

qu'il promène son archet au-dessus de la tête de ses quarante musiciens, vous sortez du Casino pour aller, quelques pas plus loin, dans le grand parc que cet établissement vient de s'annexer au prix d'un joli million. Le parc Bourguignon complète l'illusion de la vie du château. C'est un jardin Anglais avec des pelouses ondoyantes et diverses, où de grands arbres séculaires entretiennent une éternelle fraîcheur. On y a accumulé les jeux que les plages normandes ont mis à la mode : petits chevaux, régates, etc.; et le tout est agrémenté d'un grand restaurant qui ressemble, à s'y méprendre, au pavillon d'Armenonville. Cela s'appelle tout bonnement le « restaurant du Helder » et c'est dirigé par un prince de la restauration, le très savant Parisien Emile Catelain. De cette façon on peut retrouver à deux pas de la mer, dans un nid de verdure, de feuillage et de fleurs, les fins dîners et les bonnes causeries d'une soirée parisienne.

Le sport est ici en grande faveur. Du 5 au 10 septembre le monde élégant du turf se donne rendez-vous à Biarritz, époque à laquelle ont lieu les courses d'encouragement sur l'hippodrome de Bayonne-Biarritz.

On fait de nombreuses excursions à Cambo, une Suisse en miniature. La langue basque a une mélodie sonore et suave. La nourriture y est simple, mais fort savoureuse. Je vous recommande l'*amarrinak* — ou la truite de rivière, — le saumon de la Nicir et le mouton de Roncevaux, ainsi que les vins blancs de Lahonce et d'Ureuit... Potel et Chabot n'ont rien de plus délicat dans leurs vitrines.

Personne ne quitte Biarritz sans avoir mis le pied sur la terre du Cid et de l'immortel Don Quichotte. Deux heures de chemin de fer et l'on est à Saint-Sébastien : la mer y est bleue, les rochers abruptes, les montagnes cultivées et les environs délicieux.

Allez-y un jour où la ville est en fête. Il y a des courses de taureaux dans la journée et des bals en plein air où l'on danse, au son du fifre et du tambourin, la *Vasca Tibia*, cette vieille danse des anciens Cantabres, ainsi que la *cachucha*, le *fandango* ou la *habanera*.

L'autre jour, après m'être baigné dans le flot tumultueux, j'ai déjeuné à Biarritz. A deux heures j'étais à Saint-Sébastien, où j'assistais aux péripéties émouvantes d'une course.

Frascuelo et Lagartijo ont fait des prodiges; puis j'ai dîné dans la *casa* d'une famille espagnole, où les jeunes filles avaient de longs cheveux d'ébène, des pieds microscopiques et les yeux en escarboucles qui appelaient la sérénade et le *meneo*.

Le même soir, j'étais de retour à Biarritz, ayant pour tout souvenir palpable de mon excursion les *doublons d'Isabelle*, les *demi-duros* et les *pesetas* que l'on m'avait donné au guichet de l'arène des courses en échange d'un billet de banque français.

Biarritz jouit aussi d'une saison d'hiver mouvementée et brillante. Pendant les six mois où il fait froid à Paris le climat de cette plage est doux et salubre. Deux cercles anglais fonctionnent sans relâche, ce sont le *British Club* et le Cercle de l'*Union*. Les résidents et les visiteurs organisent des parties de *Lawn-tennis*, des chasses au renard et au sanglier, avec une des premières meutes de France. Il y a en outre un superbe jeu de paume. Et les bals succèdent aux raouts, les fêtes de bienfaisance aux réunions intimes. Impossible de s'ennuyer un instant dans ce milieu charmant où la gaieté est toujours discrète, où la joie des uns n'empiète jamais sur la tranquillité des autres.

CHEMINS DE FER DE L'OUEST

SAISON D'ÉTÉ DE 1880

BAINS DE MER

BILLETS D'ALLER ET RETOUR A PRIX RÉDUITS

Valables du VENDREDI au LUNDI inclusivement

Du 1er mai au 31 octobre.

DE PARIS AUX GARES SUIVANTES

	BILLETS (aller et retour). 1re classe. fr.	c.	2e classe. fr.	c.
DIEPPE. — Le Tréport, Criel	30	»	22	»
LE TRÉPORT, par Serqueux et Abancourt. Du 1er juill. au 30 sept.	33	20		
CANY. — Veulettes, les Petites-Dalles	33	»	24	»
SAINT-VALERY-EN-CAUX. — Veules				
LE HAVRE. — Sainte-Adresse, Bruneval				
LES IFS. — Etretat, Vaucottes-sur-Mer, Bruneval	33	»	24	»
FÉCAMP. — Yport, Etretat, Vaucottes-sur-Mer, Bruneval, les Petites-Dalles				
TROUVILLE-DEAUVILLE. — Villerville				
VILLERS-SUR-MER. — Houlgate	33	»	24	»
HONFLEUR				
CAEN				
CABOURG. — Le Home-Varaville				
DIVES	37	»	27	»
BEUZEVAL. — Houlgate				
LUC, LION-SUR-MER, LANGRUNE				
SAINT-AUBIN, BERNIÈRES. Ces prix comprennent le parcours total.	38	»	28	»
COURSEULLES. — Ver-sur-Mer				
BAYEUX. — Arromanches, Port-en-Bessin, Asnelles	40	»	30	»
ISIGNY. — Grand-Camp, Sainte-Marie-du-Mont	44	»	33	»
VALOGNES. — Port-Bail, Carteret, Quinéville, Saint-Vaast-de-la-Hougue	50	»	38	»
CHERBOURG	55	»	42	»
COUTANCES. — Agon, Coutainville, Régneville	57	»	44	»
GRANVILLE. — Saint-Pair, Donville	50	»	38	»
SAINT-MALO-SAINT-SERVAN. — Dinard-Saint-Enogat, Saint-Lunaire, Saint-Briac, Paramé	60	»	50	»
LAMBALLE. — Erquy, le Val-André				
SAINT-BRIEUC. — Portrieux, Saint-Quay	68	»	51	»
LANNION. — Perros-Guirec	70	»	59	»
MORLAIX. — Saint-Jean-du-Doigt, Saint-Pol-de-Léon	81	»	61	»
ROSCOFF. — Ile de Batz	85	»	64	»
EAUX THERMALES				
FORGES-LES-EAUX (Seine-Inf.), ligne de Dieppe par Gournay	21	45	16	05
BAGNOLES-DE-L'ORNE, par Briouze et la Ferté-Macé. *Ces prix comprennent le parcours total*	45	»	34	»

DÉPART par tous les trains du **Vendredi**, du **Samedi** et du **Dimanche**.

RETOUR par tous les trains du **Dimanche** et du **Lundi**.

Toutefois ces billets sont valables pour le Jeudi par les trains partant de Paris dès 6 h. 30 du soir.

Par exception, les billets pour **Saint-Malo**, **Lamballe**, **Saint-Brieuc**, **Lannion**, **Morlaix** et **Roscoff** sont valables au retour jusqu'au Mardi inclusivement.

Les billets de *Paris* au *Havre* sont admis au retour par *Honfleur*, *Trouville-Deauville* et *Caen*; ceux de *Paris* à *Honfleur*, *Trouville-Deauville*, et *Caen* sont admis au retour par *le Havre*.

NOTA. — Les prix ci-dessus ne s'appliquent qu'au parcours en chemin de fer.

CHEMIN DE FER DU NORD

Les communications entre Paris et Londres seront assurées dans chaque sens par quatre services rapides, savoir :

1° Par Calais et Douvres.

Les départs de Paris ont lieu à 8 heures 20 et à 11 heures du matin (1re et 2e classe), et à 7 heures 45 du soir (1re classe seulement), et les arrivées à Londres à 5 heures, 7 heures 15 du soir et 6 heures du matin.

Les départs de Londres sont fixés à 8 heures et 11 heures du matin (1re et 2e classe), et à 8 heures du soir (1re classe seulement), et les arrivées à Paris à 5 heures 41, 7 heures 40 du soir et 5 heures 50 du matin.

AVIS. — *A Calais, excellent Buffet et non moins excellent Hôtel dans la gare.*

2° Par Boulogne et Folkestone.

Le départ de Paris a lieu à 9 heures 40 du matin (1re et 2e classe), et l'arrivée à Londres à 5 heures 40 du soir.

Le départ de Londres a lieu à 9 heures 40 du matin (1re et 2e classe), et l'arrivée à Paris à 5 heures 57 du soir.

CHEMIN DE FER DU NORD

Les relations entre Paris et Bruxelles et retour sont assurées par quatre services d'express dans chaque sens.

Départs de Paris

Les départs de Paris ont lieu à 7 h. 30 du matin, 3 h. 50, 6 h. 20 et 9 h. 45 du soir, et les arrivées à Bruxelles à 1 h. 40, 10 h. 25, 11 h. 25 du soir et 5 h. 18 du matin.

Départs de Bruxelles

Les départs de Bruxelles sont fixés à 7 h. 30, 9 h. 15 du matin, 1 h. 20 et 6 h. 40 du soir, et les arrivées à Paris à midi 33, 4 h. 58, 6 h. 45 et 11 h. 52 du soir.

WAGON-SALON ET WAGON-RESTAURANT

Au train partant de Paris à 6 h. 20 du soir et de Bruxelles à 7 h. 30 du matin.

SOUTH EASTERN RAILWAY

LONDON, CHARING-CROSS AND CANNON-STREET
MAIL AND SPECIAL EXPRESS ROUTES

PARIS AND LONDON

In eight hours (Daily), viâ BOULOGNE and FOLKESTONE

Quickest Channel passage by the swift steamers *Albert Victor*, *Louise Dagmar* and *Mary Beatrice*, daily troughout the year, saving 28 miles.

Leave Paris 9.40 A. M., arrive London 5 40 P. M.

Also in 8 1/4 hours and 9 1/2 hours, viâ CALAIS and DOVER.

By the swift steamers *Empress*, *Victoria*, *Invicta*, etc.

Leave Paris...........	8.22 A.M.	11.15 A.M.	7.45 P.M.
Arrive London	5.00 P.M.	7.15 P.M.	5.45 A.M.

Cheap night services, 2nd and 3rd class, by both routes, 6.10 P.M. from Paris daily. (Viâ Calais only on Saturdays.) Tickets and information at South-Eastern Railway Company's Office, 4, boulevard des Italiens, and Messrs. Gaze, 7, rue Scribe.

PARIS TO LONDON

VIA LONDON, CHATHAM & DOVER RAILWAY
ROYAL MAIL ROUTE

Shortest and quickest sea passage, viâ CALAIS and DOVER.

Three Mail Express Services daily, including Sundays.

PARIS........ dep.		8.22 A. M.		11.15 A. M.	7.45 P. M.
DOVER....... dep.		3.05 P. M.	3.20 P. M.	5.30 P. M.	4.00 A. M.
LONDON	St.Paul's.. a.	...	5.20 P. M.	7.20 P. M.	5.55 A. M.
	Holborn . a.	...	5.23 P. M.	7.23 P. M.	5.58 A. M.
	Victoria... a.	1.50 P. M.	5.20 P. M.	7.20 P. M.	5.55 A. M.

The LONDON, CHATHAM AND DOVER RAILWAY COMPANY's magnificent steamers *Empress* and *Victoria* are *now running* between DOVER and CALAIS in connection with the 11.15 A. M. and the *Invicta* in the 8.22 A. M. service.

THROUGH AND RETURN TICKETS

Luggage registered throughout.

For Tic[illegible], Private Cabins, Information as to Parcels, etc., apply at [illegible] ompany's Offices, *30, boulevard des Italiens*, Paris.

MONTE-CARLO

On gagne la patrie de l'éternel Printemps avec des raffinements de confortable inouis.

La Compagnie P.-L.-M. vient d'inaugurer, sur la ligne de Paris à Vintimille, un nouveau modèle de voitures que je vous recommande.

Ces voitures, peintes en bleu foncé, sont établies sur le modèle des wagons-lits. Elles se composent de huit compartiments à six places chaque; un long corridor occupe le côté gauche en allant vers Marseille, droit en se dirigeant vers Vintimille. Ce corridor met en communication tous les compartiments du wagon, qui sont munis d'une porte à coulisse vitrée. A chaque extrémité du corridor se trouvent des water-closets et une petite galerie couverte où l'on peut prendre l'air.

Enfin, comme dans le sleeping-car, un employé de la Compagnie se tient continuellement dans le wagon. C'est le *summum* du confort.

COMPAGNIE D'ORLÉANS

La Compagnie d'Orléans, d'accord avec la Compagnie Internationale des Wagons-Lits, met en marche, le mercredi et le samedi de chaque semaine, un train de luxe exclusivement composé de wagons-lits, salon et restaurant.

Ces trains desservent : Orléans, Tours, Poitiers, Angoulême, Coutras, Bordeaux-Saint-Jean, La Mothe (Arcachon), Morcenx, Dax, Bayonne, Biarritz, Saint-Jean-de-Luz, Hendaye, Irun, Madrid et Lisbonne.

Durée du trajet :

De Paris à Biarritz	12 heures.
De Paris à Madrid	28 —
De Paris à Lisbonne	45 —

Chaque Voyageur doit être muni d'un billet de 1re classe et doit, en outre, payer un supplément perçu par la Compagnie des Wagons-Lits, fixé à 50 0/0 du prix de la place.

Le nombre des places étant limité, les Voyageurs doivent s'adresser à la Compagnie des Wagons-Lits pour être certains d'obtenir des billets. Pour tous renseignements concernant ces trains, s'adresser également à cette Compagnie, rue des Mathurins, 46, et 3, place de l'Opéra, à Paris.

En outre, un wagon à lit-toilette circule tous les jours entre Paris et Irun et *vice versa* dans les trains partant de Paris à 8 h. 20 m. soir et d'Irun à 11 h. 49 matin.

IMPRIMERIE CENTRALE DES CHEMINS DE FER. — IMPRIMERIE CHAIX.
RUE BERGÈRE, 20, PARIS. — 9758-3-9.

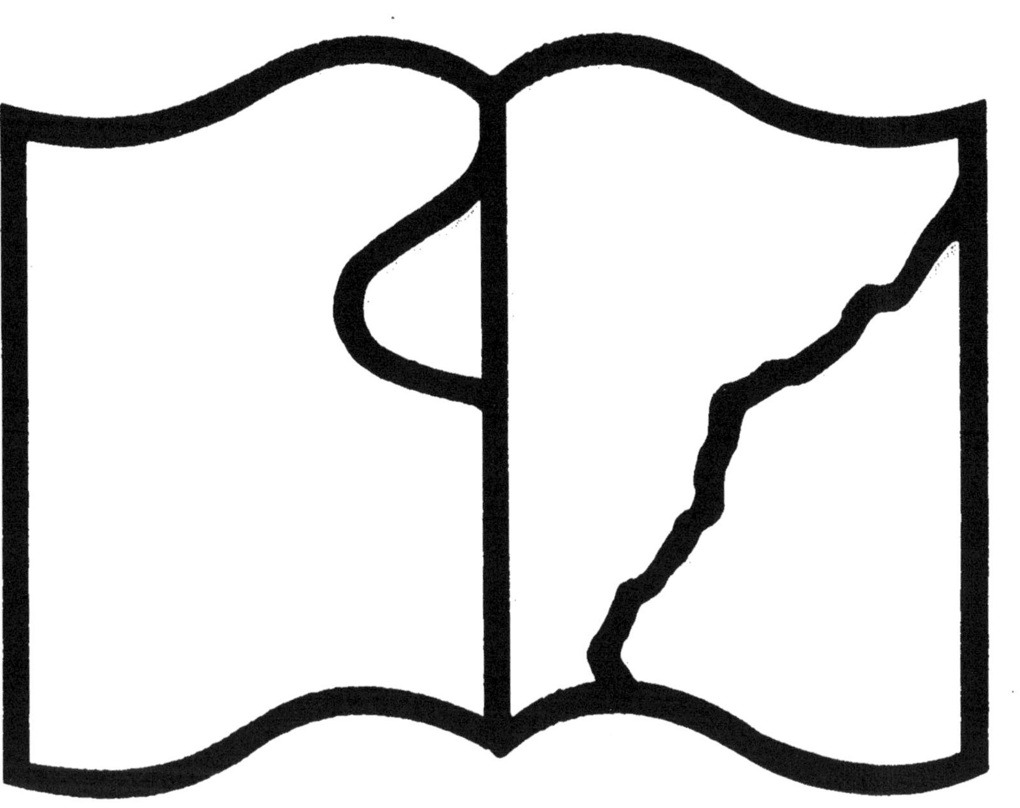

Texte détérioré — reliure défectueuse

NF Z 43-120-11

www.ingramcontent.com/pod-product-compliance
Ingram Content Group UK Ltd.
Pitfield, Milton Keynes, MK11 3LW, UK
UKHW020456200726
13857UKWH00002B/737

9 782012 855762